Pedro Galliker   Abenteuer Mikrowelt

: Haupt

Pedro Galliker

Abenteuer Mikrowelt

Exkursionen
in die geheimnisvolle Welt
der Kleinstlebewesen

Haupt Verlag
Bern • Stuttgart • Wien

Dr. Pedro Galliker arbeitete als Biologielehrer am Gymnasium sowie als Mikrofotograf und Filmer. Dabei entdeckte er die Vorzüge moderner Kunststoffmaterialien für den Modellbau von Kleinstlebewesen. Nach seiner Pensionierung war er als Modellbauer und Ausstellungsmacher tätig.

Gestaltung: pooldesign.ch
DVD-authoring: opendoor.ch

1. Auflage: 2007

Bibliografische Information der *Deutschen Nationalbibliothek*

Die Deutsche Nationalbibliothek verzeichnet diese Publikation in der Deutschen Nationalbibliografie; detaillierte bibliografische Angaben sind im Internet über http://dnb.d-nb.de abrufbar.

ISBN 978-3-258-07234-0

www.haupt.ch

Zum Geleit

Dank

Dieses Buch verspricht Einblicke in die unsichtbare Mikrowelt unserer Feuchtbiotope. Und dies zum Bruchteil der Kosten einer eigenen Binokularlupe oder eines eigenen Mikroskops.

Damit möchte ich neugierige Leser verführen und unterhalten, ja sogar begeistern für die Wasserwelt im Kleinen. Dies ist also kein Lehrbuch, sondern in erster Linie Animation, ein interessantes Sachbuch mit Erlebnischarakter.

Einfache Texte und schöne Bilder alleine sind jedoch nicht genug. Zu einem echten Gesamteindruck gehört auch die Bewegung. So manche Spezies hat ihre arttypische Fortbewegung. Darum empfehle ich bei der Lektüre den Blick auf die gelegentlich eingestreuten Videoclips. Das untenstehende Piktogramm bei einem Bild oder im Text signalisiert einen filmischen Leckerbissen auf der beigefügten DVD. Dort zeigen die bewegten Bilder, ohne Musik und ohne Kommentar, zum Teil seltene Begegnungen mit kleinsten Lebewesen.

Nun wünsche ich Ihnen viel Freude auf der Entdeckungsreise zu den Mikroorganismen.

Ich danke vor allem meiner Frau für die unzähligen Computerstunden und meinem Kollegen Heini Delb für die Überarbeitung des Textes.

Für weitere Unterstützung meiner Arbeit bedanke ich mich freundlich bei: Hartmut Arndt, Köln, Wilhelm Foissner, Salzburg, Walter Gering, Basel, Alex Hajnal, Zürich, Klaus Hausmann, Berlin, Christina Kage, Lauterstein, Bruno P. Kremer, Wachtberg, Reinhard Leuthold, Ittigen, Bernd Lötsch, Wien, Thomas Pfeiffer, Zürich, Giovanni Pini, Luzern, Hans-Rudolf Preisig, Zürich, Roland Rinert, Immensee, und Alfred Schürmann, Filderstadt.

Ein ganz besonderer Dank geht an Laura Dal Ben und Christoph Settele für die Buchgestaltung und an Stephan Läuppi für die DVD-Erstellung.

Pedro Galliker

 = siehe DVD

Inhaltsverzeichnis

Small is beautiful

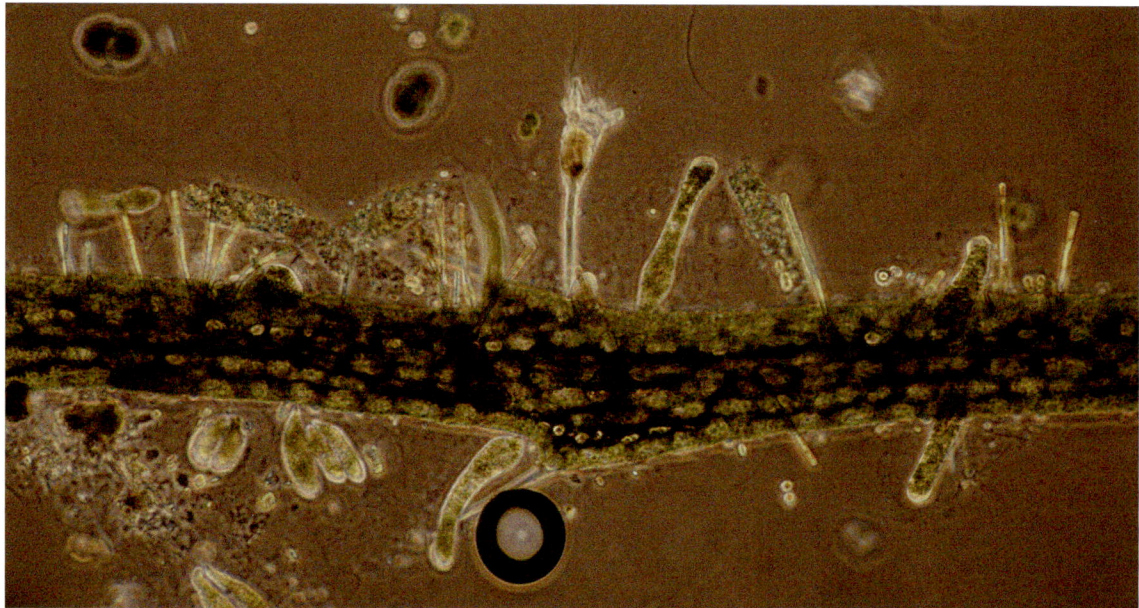

1–2

Hoch lebe die Natur im Kleinen

Draußen vor meiner Wohnung in den Bergen rüttelt der Föhnsturm am Fenster und peitscht den Schnee heulend um die Hausecke. Drinnen aber verschlägt es mir den Atem. Nicht wegen des Wetters, sondern weil ich soeben am Stereomikroskop eine Tierart entdeckt habe, der ich in meinem ganzen bisherigen Leben noch nie begegnet bin.

Spannende Verfolgungsjagden oder Stress beim Lauern auf scheue Geschöpfe in unverfälschter Natur, das ist die eine Seite meiner abenteuerlichen Streifzüge im Wassertropfen. Genießerische, ungetrübte Freude an natürlichen Farben, ungewohnten Formen und überraschenden Bewegungen die andere.

Unberührte Natur live erleben ist ein seltenes Vergnügen.

Es versteht sich von selbst, dass ich immer wieder versuche, diese Eindrücke im Bild einzufangen. Doch es gelingt nur selten und muss oft mit herben Enttäuschungen bezahlt werden. Aber die selbst gewählte Herausforderung lockt, fesselt und weckt immer neue, noch höhere Ansprüche. Mögen die Ergebnisse gefallen.

Persönliche Beobachtungen von Natur in Aktion – möglichst unberührt von menschlicher Zivilisation – sind in unserer modernen Welt eher eine Seltenheit; erst recht in den eigenen vier Wänden und in der kältestarren Jahreszeit. Vielleicht gelingt es noch am besten mit einem blühenden Wintergarten oder einem schönen Aquarium. Oder dann am andern «Aquarium» mit den Angeboten der zahlreichen Fernsehstationen. Doch – welch ein himmelweiter Unterschied – immer nur zu einer bestimmten Zeit, aus zweiter oder dritter Hand, nie im Original. Wo bleibt da der Raum für echte Überraschungen, für stummes Verweilen oder für das große Staunen, zum Beispiel über die unvorstellbar kleinen Dimensionen?

Aber dazu benötigt man eine Binokularlupe oder ein teures Mikroskop. Ein Abstecher zu den unberührten Naturinseln unseres Planeten kann, je nach Distanz, auch recht kostspielig sein. Und oft ist das Vergnügen ja nur von kurzer Dauer. Ich ziehe es vor, meine Ersparnisse in Mikro-Reisen zu investieren. Das Gute liegt so nah. Das Fernweh und meine Sehnsucht nach Natur kann ich jederzeit und unkompliziert im Mikro-Dschungel stillen.

1–2 Mikrolandschaft mit Luftblase und Reusen-Rädertier: oben in der Phasenkontrastbeleuchtung, unten in der Dunkelfeldbeleuchtung

Doch das geht nicht ohne eine ruhige Hand. Ausdauer und Geduld sind nötig, um das begehrte Studienobjekt auf dem Bruchteil eines Millimeters einzufangen und zu präparieren. Dann aber ist die Belohnung garantiert und alle Mühsal bald vergessen. Solche Erlebnisse sind beglückend, und ich möchte sie auch andern zugänglich machen. Es sollen alle diese unsichtbare Welt erleben können, auch wenn sie nicht oder noch nicht mikroskopieren.

Ich plante weder ein Lehrbuch noch eine Anleitung zum Mikroskopieren, sondern einfach ein Buch mit unterhaltendem Text, einmaligen Bildern und schönen Filmen.

Im Übrigen ist die Vielfalt des Mikro-Dschungels noch nicht vollständig erforscht und dokumentiert. Das Feld der Erkundigungen ist eine fast unversiegbare Quelle für aufregende Entdeckungen und schönste Begegnungen sowohl für neugierige Jugendliche als auch für naturhungrige Erwachsene.

Safaris im Mikrokosmos sind nachhaltig und auf die Dauer nicht teurer als Reisen zu fernen Naturparadiesen.

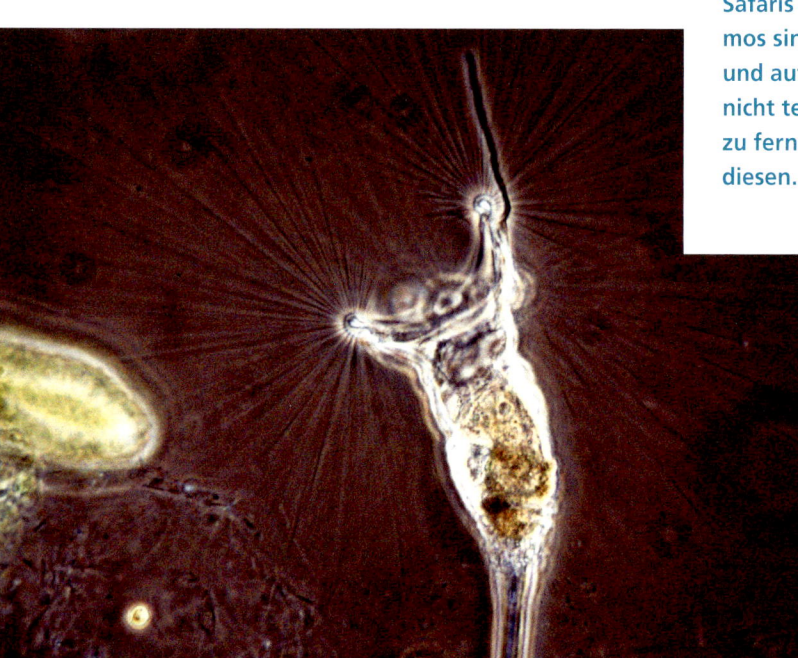

3

Prägung

Immer wieder werde ich nach den Anfängen meiner Begeisterung für die Mikrowelt im Wassertropfen gefragt. Nun, wäre ich Buddhist und würde an die Wiedergeburt glauben, dann käme mir wohl der Gedanke, ich könnte in einem früheren Leben im Plankton existiert haben, vielleicht als munter hüpfendes Wasserflohweibchen mit einigen Jungen im Rucksack. Aber da ich im westlichen Denken verankert bin, vermute ich eher eine Lorenz'sche Prägung.

Konrad Lorenz (1903–1989) schrieb über seine eigene Prägung zum Verhaltensforscher Folgendes:

«Der ganze Zauber der Kindheit hängt für mich auch heute noch an einem selbst gebastelten Käscher. Damit habe ich mit neun Jahren die ersten Wasserflöhe für meine Fische gefangen und dabei die kleine Wunderwelt des Süßwassertümpels entdeckt. Der Käscher hatte die Lupe im Gefolge, diese wiederum ein bescheidenes Mikroskop, und damit war mein Schicksal unwandelbar bestimmt.»

«Wer die Schönheit der Natur angeschaut, wird unweigerlich Naturforscher.»
Konrad Lorenz

Ich hatte nicht das Glück, wie Konrad Lorenz in einer wunderbaren Parklandschaft an einem Fluss aufzuwachsen. Meine Prägung kam auf andere Weise zustande.

Ich sehe mich noch lebhaft und detailgenau mit meinem Vater an jener Sonntagsmatinee im Zürcher Kino ORIENT. Die Kulturfilm-Gilde zeigte den UFA-Film «Die Räuber unter Wasser»: zuerst den Hecht, dann den Süßwasserpolypen mit seinen gefährlichen Fangarmen und schließlich die heimtückischen Überfälle der Amöben. Das war am 9. März 1941, vormittags um 10.30 Uhr. Ich stand kurz vor meinem 12. Geburtstag.

Warum ich das so genau weiß, trotz meines miserablen Zahlengedächtnisses? Weil ich damals ein mikroskopisches Protokollbuch führte. Die Einladungskarte für die Filmmatinee ist noch immer sorgfältig darin eingeklebt. Ich archivierte auch Zeitungsartikel zu naturwissenschaftlichen Themen. Ich sammelte damals, wie alle meine Kameraden, Steinfels-Seifen-Gutscheine und erhandelte mir eine Boxkamera, mit der ich umgehend ein Foto meines Schülermikroskops machte. Nun war ich also im Besitz einer bescheidenen Ausrüstung, mit der ich meine ersten mikroskopischen Dauerpräparate ablichten und den Film selbst entwickeln und kopieren konnte.

Zudem prägte mich auch die Lektüre des Buches «Wunderbare Welt im Wassertropfen» von Robert Nachtwey, und danach wurde ich stolzer Gewinner des ersten Preises in einem Wettbewerb zum Thema «Wer macht die beste Naturbeobachtung». Walter Robert Corti, Chefredaktor der renommierten Kulturzeitschrift DU, steckte 1942 hinter dieser Ausschreibung. Das war mitten im Zweiten Weltkrieg.

4

Für den Juryentscheid könnte auch eine Rolle gespielt haben, dass mein Beitrag recht gut zur bedrohlichen Kriegssituation passte. Geht es doch darin um Fressen und Gefressenwerden, um Zwerge und Riesen, um raffinierte Tarnung.

Vielleicht war es Zufall, vielleicht auch Absicht: Mein Text, illustriert mit Fotos des späteren Fernsehstars Hans A. Traber und einer zarten Zeichnung des Goldwespenforschers und Künstlers Walter Linsenmaier, wurde einige Jahre später im DU-Heft vom Oktober 1947 auf schwarzem Hintergrund veröffentlicht.

Mein schriftstellerisch brillanter Redaktor-Vater hatte dem Elaborat seines 13-jährigen Sohnes natürlich den letzten Schliff gegeben. Aber das realisierte ich damals kaum; in meinen Augen gebührte das Verdienst des ersten Preises mir allein. Das musste ja in diesem Alter prägend wirken.

3 Reusen-Rädertier
4 Konrad Lorenz

5

6

5 Kristallwasserfloh von vorne
6 Kristallwasserfloh mit einigen
   Jungen von der Seite
7 Kristallwasserfloh im polarisierten Licht
8–9 Eine Seite aus meinem
   mikroskopischen Protokollbuch
10 Ankündigung der Filmvor-
   führung, 1941

7

Mein Mikroskop, ein
        Wunderding

8

№ 12. Wasserfloh: (Daphnia) Weibchen mit Eiern. (4)
eingebettet in GG mit Lackring. In Präp. Mappe A
Zeit: 11.IX. 44.

Quellen: Büchlein: Das Mikroskop. Seite 75, 77.
        In diesem Buch: Lebensgem. im Zugersee S. 33

№ 13. Fazettenauge der gem. Fliege.

eingebettet in GG. mit Lackring. In Präp. Mappe A
Die Hornhaut wurde mit Eau de Javelle
vom Auge gelöst und gebleicht.

Zeit: XII 44.   Quellen: Mikroskopische Notizen Band 1.

№ 14. Blattstielquerschnitt: der Zicklame. (Durchmesser: 3.2 mm)
eingebettet in GG mit Lackring. In Präp. Mappe A.
Zeit: I. 45.

Der Blattstielquerschnitt wurde mit Eau de Javelle
aufgehellt. Man erkennt deutlich die Wasser
Kanäle im Querschnitt. Zellkerne aufgelöst durch E.d.J.
Quellen: Naturkundheft.

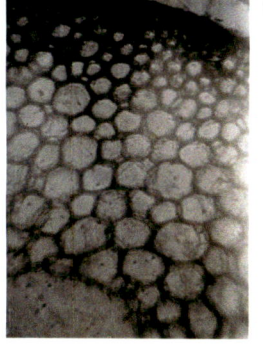

Meine erste Mikrophotographie

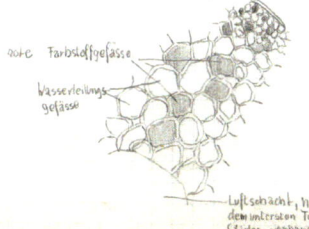

9

10

Der unsichtbare Riese

Preisaufsatz eines 13-jährigen Schülers

Weder im Urwald unserer Fantasie noch im Paradiese unmöglicher Illusionen müssen wir diesen fabelhaften Dämon suchen, wenn wir sein rätselvolles Treiben beobachten wollen, nein, im Gegenteil, nahe bei uns, nämlich im See, haust das Ungeheuer. Trotzdem brauchen wir uns nicht vor ihm zu fürchten; denn ich frage euch: Wer hat von ihm schon gehört oder es gar gesehen? Es erreicht nämlich im ausgewachsenen Zustand eine Länge von nur zehn Millimetern! Für unsere Begriffe zählt es also eher zu den Hyperzwergen.

Wo bleibt denn aber der Riese? Das werden wir gleich sehen.

Denken wir uns einmal im Geiste in ein dreiviertel Millimeter großes Rädertier verwandelt, das sich mit seinem Wimperkranz durchs Wasser rudert und unermüdlich neue Nahrung zuspült. Wir haben uns in die Welt der Kleinstlebewesen begeben. Sorglos schweben wir in dieser Welt umher und schauen uns ein wenig die schönen Algen an.

Plötzlich werden wir aber auf eine ganz gemeine, rätselhafte Weise von einem Wasserstrudel gepackt, und nur einen Sekundenbruchteil später, nach sausender Fahrt, landen wir in den starken Klammern eines solchen Ungeheuers. Jetzt gibt es kein Entrinnen mehr für das hilflose Geschöpf. Und immer noch sieht das Opfer seinen Gegner nicht. Sähe es ihn, so würde es von Staunen über seine Riesengestalt erfasst, so etwa, wie wenn wir vor einem dreizehn Meter großen Ungetüm stehen würden.

Aber immer noch hat der Riese seine Tarnkappe über, die wir ihm nun «stibitzen» wollen. Dazu müssen wir unseren Patienten aus dem See unter das Mikroskop bringen. Leichter gesagt als getan, denn wie sollen wir dieses Untier fischen, wenn wir es ja doch nicht sehen? Wo ist sein schwacher Punkt? Natürlich seine relative Größe. In einer flachen weißen Schale wird es sich durch seinen Schatten verraten. Also nicht lange überlegt, schon haben wir unser Glastier unter dem Mikroskop. «Glastier» ist sein rechter Name, auch die Herren Professoren haben ihm den Namen Glaskrebs Leptodora hyalina Lilljb gegeben. (Heute heißt er Leptodora kindtii. Lateinisch heißt lepto fein, feingliedrig und doracas Gazelle, Antilope. Der Glaskrebs ist die bewundernswürdige feingliedrige Antilope des Planktons!)

Leptodora wurde 1838 von Kindt und Focke im Bremer Stadtgraben entdeckt. 1860 berichtete unabhängig davon der Schwede Lilljeborg aus schwedischen Seen über Leptodora hyalina.

Aber immer noch sehen wir unter der Lupe kaum einen hauchdünnen Schleier. Wahrhaftig, die Natur hat ihre Aufgabe, ein glasklares Geschöpf hervorzubringen und uns damit ein bisschen zu narren, wunderbar gelöst. Erst die Dunkelfeldbeleuchtung vermag den Schleier zu lüften. Nun erst bietet sich uns das Bild, wie Figura zeigt. Welch seltsame Erscheinung mit den beiden Ruderarmen!

Sehen wir uns die Sache noch genauer an. Beginnen wir beim Auge. Hier lag eine der Schwierigkeiten in der Lösung des Problems «unsichtbar». Denn ebenso wenig wie der Mensch einen Fotoapparat ganz aus durchsichtigem Glas bauen kann, ebenso wenig ist ein völlig durchsichtiges Auge möglich. Um ein klares Bildsehen möglich zu machen, müssen die empfindlichen Enden der Sehnerven mit schwarzem Pigment isoliert sein. Wie einfach aber die Natur dieses Rätsel gelöst hat, ist verblüffend. Sie hat die schwarze Tapete auf ein Minimum reduziert. Das ist die ganze Weisheit.

Wie ein herrlich funkelndes Diadem liegt das Auge in seiner gläsernen Kuppe. Aber noch mehr, dieses Auge ist dazu bestimmt, nach allen Seiten gleichzeitig zu sehen, daher seine gehobene Lage auf einer Verlängerung des Kopfes. Ein Wunder der Optik auf kleinstem Raume! Gleich unter dem Auge liegen zwei Nervenknoten, der obere enthält Sehnerven, der untere Riechnerven. Von hier gehen Nerven zu den Riechfühlern.

Das Panoramaauge des Glaskrebses besitzt 300 Teilaugen. Es ist damit demjenigen des Wasserflohs mit nur 22 deutlich überlegen.

Nun aber zu den Ruderarmen. Als Flügel oder Flossen im Wasser dienen dem Glaskrebs zwei kräftige Ruderarme, die den Lichtstrahlen ebenfalls einen verschwindend kleinen Widerstand setzen. Man sieht von den kräftigen Muskeln kaum einen feinen grauen Schimmer, während das Muskelplasma trotz seiner Dichte fast unsichtbar bleibt. O wunderbarer Sieg der organischen Chemie!

Blicken wir unter die Ruderarme, so entdecken wir dort den Mund, der von fünf Paar Fangbeinen mit Nahrung versorgt wird. Zwei weitere Fangbeine, die ganz mit Dornen bespickt sind, hält der Glaskrebs in Erwartung eines Opfers immer vorgestreckt. Ja, wer hat sie gezählt, die Zahl der Dornen auf diesen Fangarmen? Auch die beiden Ruderarme sind an ihren Enden dicht mit federartigen Fäden bestückt. Dies vermutlich zur Vergrößerung der Ruderflächen.

Doch aufgepasst! Was ist denn das für ein zuckender Ball gleich oberhalb des Brutsackansatzes? Das Herz ist's, mein Lieber. Ihm ist die gleiche Aufgabe zugeteilt, wie bei jedem Menschenherz, nämlich die Beförderung des Blutes. Ob die Lage des Herzens ganz eng bei den Nachkommen symbolisch oder zweckmäßig aufzufassen ist, darüber bin ich mir noch nicht im Klaren. Im Brutsack hinter dem Herz trägt das Weibchen seine Eier und später die Embryonen.

Dass unser Glaskrebs kein harmloser Spaziergänger im Tiergarten Gottes ist, haben wir gesehen. Er lauert auf Beute, und er geht auf Raub aus. Um seinen Appetit zu stillen, sucht er Opfer, um sie zu verschlingen. Aber da er unter Zwergen ein Riese ist, darf seine Größe nicht auffallen.

Die Natur hat den Glaskrebs dem Wasser angepasst und durchsichtig gemacht. Das ist seine Tarnkappe.

Vergessen wir dabei nicht, dass diese Tarnung auch seinem eigenen Schutz dient. Denn in den ewigen Jagdgründen des Wassers ist er nicht der einzige und größte Räuber. Es gibt größere, die es auf ihn abgesehen haben.

Wie den Hasen seine langen Ohren und seine flinken Beine vor dem Feind, schützt ihn, den Glaskrebs, sein durchsichtiges Tarnkleid. Denn Fressen und Gefressenwerden ist nach ewigem Naturgesetz das Schicksal vieler Lebewesen. Nicht nur in der großen, sondern auch in der kleinen Tierwelt: ein Kampf ums Dasein! Für diesen Kampf wappnet die Natur ihre Geschöpfe, die einen so, die andern anders. Unser Glaskrebs hat seine Tarnkappe.

P. G.

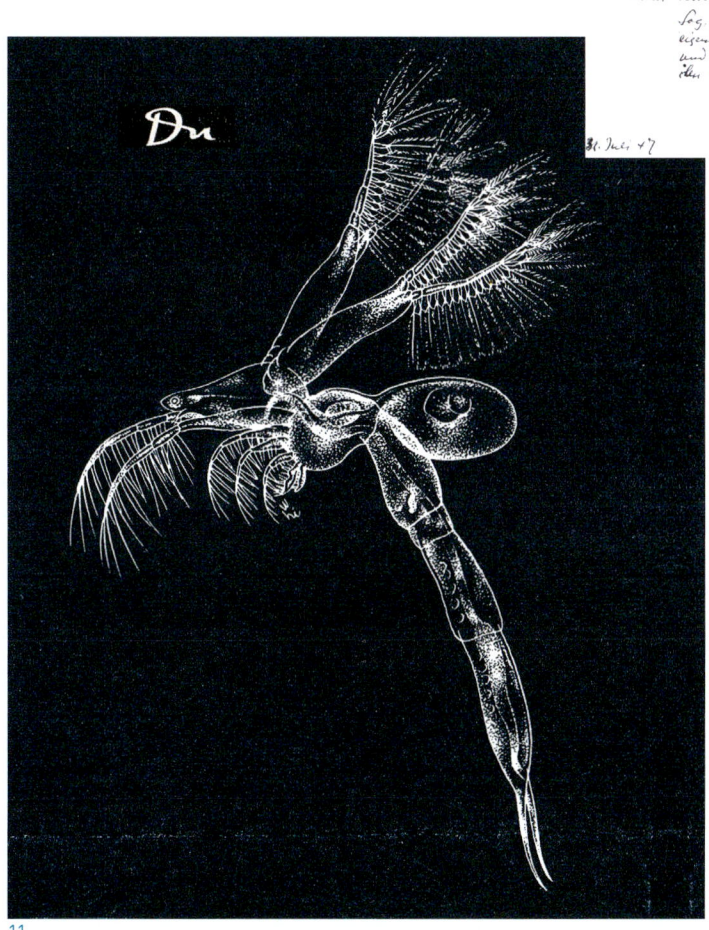

11 Glaskrebs (DU-Heft, Oktober 1947), Zeichnung von Walter Linsenmaier

12 Schreiben von Walter R. Corti

Wo und wie beginnen?

Der Glaskrebs lebt nur in größeren Seen außerhalb der Uferzone. Er ist mit Ausnahme seiner Eier, die im Winter auf den Seegrund absinken, vollständig an das freie Wasser gebunden. Die meisten anderen Kleinlebewesen, über die in diesem Buch berichtet wird, findet man dagegen in der Uferzone von Seen oder Weihern, in Tümpeln, oft sogar in Pfützen. Man irrt jedoch, wenn man glaubt, ich könne voraussehen, was mich nach meinen Streifzügen erwartet. Das Geheimnis wird erst zu Hause unter der Binokularlupe gelüftet. Und eine weitere interessante Überraschung kann es geben, wenn sich ein Fang im Mikroaquarium auf dem Fensterbrett weiterentwickelt.

Einstieg mit der Binokularlupe – auch für Kinder geeignet.

Mit welchen technischen Geräten sind meine Abenteuer in der Mikrowelt möglich geworden? Die Ausrüstung meiner Startphase in jungen Jahren habe ich schon kurz vorgestellt. Die heutigen, anspruchsvolleren Apparate sind jedoch einem rasanten technischen Wandel unterworfen. Aber auch eine alte Binokularlupe oder ein altes Lichtmikroskop können hervorragende Dienste leisten. Es gibt für Anfänger vor allem zwei wichtige technische Ratschläge aus der Praxis:

1. Schwache Vergrößerungen sind billiger und dankbarer als starke.

Die Binokularlupe – mit einer bis zu 40-fachen Vergrößerung – ist somit für den Anfänger wichtiger als ein Mikroskop. Eine teure Binokularlupe wird auch nicht wertlos, wenn später ein Mikroskop angeschafft wird. Sie wird weiterhin für die Präparation benötigt, und sie ist einfacher zu handhaben. Die Objektive kommen nicht so nahe an das Präparat heran wie beim Mikroskop, sodass eine feine Nadelspitze beim Präparieren noch beobachtet werden kann. Dies ist insbesondere für Kinder von großem Vorteil.

Für die Beobachtung am Mikroskop muss das Präparat mit einem dünnen Glas abgedeckt werden, weil sonst die Verdunstung des Wassers die extrem nahe Linse trüben würde. Das Präparat für die Binokularlupe benötigt kein Deckglas. Ganze, auch undurchsichtige Objekte können spontan mit Umgebungslicht beobachtet werden, ein Insekt, ein Blatt, eine Münze, ein Mikrochip und vieles mehr.

Die Lupe verändert den Strahlengang nicht nachteilig wie das Mikroskop. Unten und oben, rechts und links werden nicht vertauscht, die Verschiebungen des Präparats nicht behindert. Besonders wichtig scheint mir die Tatsache, dass die Stereolupe die Dinge räumlich abbildet. Wenn ein Mikroskop für beide Augen ausgerüstet ist, dient dies nur der Bequemlichkeit, nicht dem räumlichen Sehen. Die Schülermikroskope sind häufig von schlechter optischer Qualität, somit werden die Kinder rasch entmutigt. Schade für die anfängliche Begeisterung.

2. Am Mikroskop ist der Beleuchtung des Präparates großes Gewicht beizumessen. Dunkelfeldbeleuchtung, Phasenkontrast und Polarisation sind unverzichtbar. Auf Interferenzkontrast kann anfänglich verzichtet werden. Durch die Dunkelfeldbeleuchtung werden feinste Einzelheiten sichtbar. Es ist dieselbe Beleuchtung, die Stäubchen hell aufleuchten lässt, wenn man in einem dunklen Raum spitzwinklig, aber ungeblendet, gegen einen einfallenden Sonnenstrahl schaut. Dunkelfeld ist somit eine extreme Gegenlichtbeleuchtung.

Die Phasenkontrastbeleuchtung wird durch Spaltung des Lichtes in zwei getrennte Lichtwellen erzeugt. Diese werden gegeneinander um eine Viertelwellenlänge verschoben, womit der Kontrast transparenter Strukturen optisch gesteigert werden kann.

Auf einem ähnlichen Prinzip beruht auch das Interferenzkontrastverfahren. Es liefert neben der Kontraststeigerung eine räumliche Vorstellung des Objekts. Die beiden letztgenannten Beleuchtungsarten erfordern allerdings speziell ausgerüstete Mikroskope. Die

13 Glaskrebsmännchen mit Sack-Rädertier als Beute

14 Glaskrebsmännchen im polarisierten Licht

15 Glaskrebsmännchen mit Wasserfloh als Beute, Modell

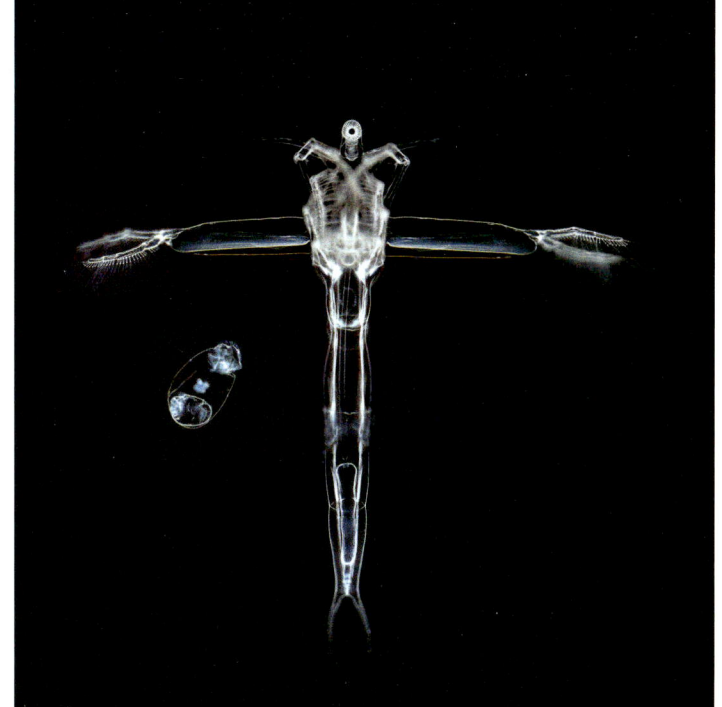

13

15

Beleuchtung im polarisierten Licht hingegen kann mit billigen Polaroidfiltern und etwas Geschick leicht selbst arrangiert werden. Unter- und oberhalb des transparenten Objekts müssen im Strahlengang zwei Polfilter in gekreuzter Stellung platziert werden.

Durchdringen Lichtstrahlen einen Polfilter, schwingen diese nur noch in einer Ebene. Wenn ein gleichartiger zweiter Polfilter rechtwinklig zum ersten nachgeschaltet wird, kommt kein Licht mehr durch. Dazwischen liegende kristalline Objekte lenken das polarisierte Licht ab und werden in herrlichen Farben sichtbar. Aber nicht nur Kristalle, auch Muskeln, pflanzliche Zellwände, Stärkekörner oder Chitinpanzer sind auf diese Art optisch aktiv. Mit der Polbeleuchtung gelingt es, lebende und transparente Objekte ohne jede Störung farbig sichtbar zu machen.

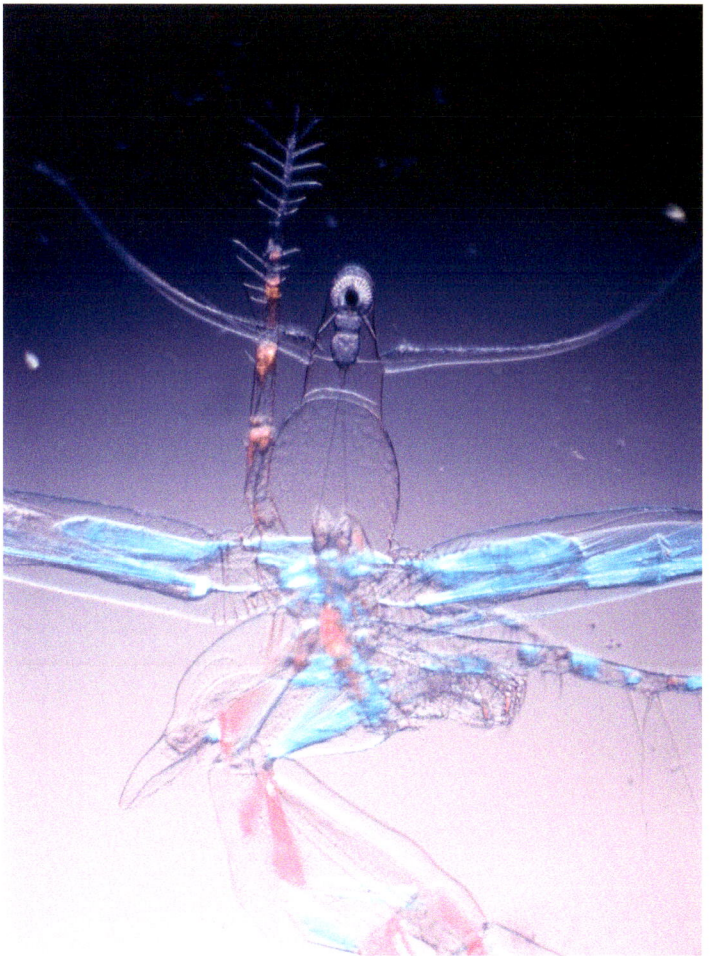

14

Im Rückspiegel

1

Horror Mikrowelt

Am Anfang der Mikroskopie – vor rund 300 Jahren – war der Blick durch das Mikroskop zwar überraschend, aber anstrengend, mühsam und die Bilder sehr lichtschwach. Dieses Neuland war eine unverständliche Welt zitternder Kügelchen, rasch flitzender Würmchen und wendiger Tierchen. Man konnte darüber kühn spekulieren und sich endlos streiten. Es herrschte die Meinung vor, die Winzlinge seien allesamt Plagegeister der Menschheit, Teufelchen in Persona.

Auch die verrunzelte Erdkruste – eine weitere Strafe Gottes oder eine Falle des Teufels – rief nur Furcht und Schrecken hervor. Dem unnahbaren Hochgebirge mit seinen tödlichen Gefahren konnte man ebenso keinen Reiz und keine Schönheit abgewinnen. Erst nachdem Edward Whimper 1865 das Matterhorn bezwungen hatte und die sagenumwobenen mythischen Berggeister verscheucht waren, wurde es möglich, diesen unwirtlichen Regionen einen Erholungswert abzugewinnen und ihre einzigartigen Reize zu genießen.

Das populärste mikroskopische Präparat für Laien war im 17. und 18. Jahrhundert der Menschenfloh.

Was da alles unter den ersten Mikroskopen zu sehen war, vermochte die Wissenschaftler mehr und mehr zu faszinieren. Bei geselligen Zusammenkünften der Laien jedoch war der Menschenfloh das bevorzugte Präparat. Endlich konnte man dieses lästige Scheusal unzähliger Generationen etwas genauer mustern. Aber noch viel abstoßender war der Blick in einen Tropfen aus der schmutzigen Themse. Man wusste bereits, dass die unsichtbaren Wasserkobolde nicht nur widerlich waren, sondern auch höchst gefährlich, ja todbringend sein konnten.

Die geistesgeschichtliche Bedeutung der jungen Mikroskopie lag in ihrer Unterstützung des kritischen Denkens. Es kam zu einer revolutionären weltanschaulichen Umwälzung, einem sogenannten Paradigmenwechsel. Mit der Wahrheitssuche aufgrund wissenschaftlicher Experimente begann das Zeitalter der Aufklärung seinen Siegeszug.

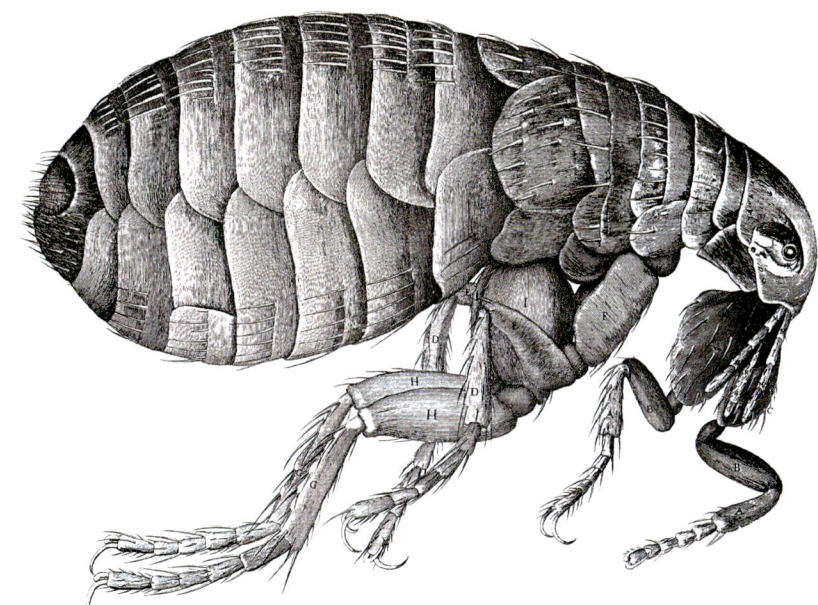

2

1   Ein Tropfen schmutziges Themsewasser, Ausschnitt einer Karikatur von 1828

2   Menschenfloh

3

4

5

Die grausame Tollwut, eine lähmende Schlafkrankheit, die würgende Tuberkulose oder die heimtückische Malaria konnte man nicht länger als Rache der Dämonen betrachten. Denn manchmal gelang es den Mikrobenjägern, mit wenigen praktischen Ratschlägen das Übel zu beheben: Vernichtet die Zecken auf euren Kühen, und ihr werdet das Texasfieber ausrotten. Wascht eure Hände mit Carbol vor der nächsten Operation. Verlegt euren Wohnsitz weg von den Flüssen in höher gelegene Gebiete, wo es keine Tsetsefliegen gibt.

Die äußerst gefährlichen Bakterien oder Sporentierchen, welche über die Luft oder über Zwischenwirte ins Blut eindrangen, wurden nun durch das Mikroskop entlarvt. In der Folge davon nahm der Glaube an mögliche geistige oder magische Krankheitsauslöser ständig ab.

Die wichtigste Methode bei dieser Arbeit war und ist bis heute, die Schlupfwinkel der Erreger aufzuspüren, ihre Infektionswege zu erkunden, gezielt Ansteckungsexperimente durchzuführen und daraus detektivisch Schlussfolgerungen zu ziehen. Dabei erkannte man auch, dass abgeschwächte Erreger vor einer Krank-

Mikroorganismen musste man hassen und bekämpfen, nicht bewundern.

heit schützen können, somit wurde die Impfung zu einer neuen Waffe gegen Krankheiten.

Die Erfolge eines Louis Pasteur (1822–1895) begeisterten ganz Frankreich. Die genialen Experimente von Robert Koch (1843–1910) konnten die Mediziner restlos überzeugen und unbegrenzte Hoffnung wecken. Doch vorderhand führten diese Erfolge noch nicht dazu, allgemein die Freude an der Mikrowelt zu wecken.

Welch ein Glück für die Erhaltung der Gesundheit, dass der Holländer Antony van Leeuwenhoek (1632–1723) diese Welt der Kleinstlebewesen entdeckte. Inzwischen gab es auch funktionsfähige Vergrößerungsgläser. Das Mikroskop war nicht nur eine, sondern die Wunderwaffe im Kampf gegen todbringende Krankheiten.

Vergessen wir zum Schluss nicht, dass dieser Kampf für die menschliche Gesundheit unzählige Tierleben forderte. Für die Experimente der Forscher wurden zahllose Hühner, Hunde und Affen, aber auch Pferde geopfert. Dieser Kampf galt den kleinsten, aber wohl mächtigsten Lebewesen unserer Erde.

3   Louis Pasteur
4   Antony van Leeuwenhoek
5   Robert Koch
6   Johann Wolfgang Goethe
7   Glocken-Wimpertier, mit einer Skizze von Goethe

Goethe am Mikroskop

Am 27. Juni 1785 schrieb Johann Wolfgang Goethe (1749–1832) an Charlotte von Stein: «Mein Mikroskop bring ich mit, es ist die beste Zeit die Tänze der Infusionstierchen zu sehen. Sie haben mir schon großes Vergnügen gemacht.» Im Frühling hatte der große Dichter mit dem Ansetzen von Heuaufgüssen oder Infusionen begonnen. Die sich darin entwickelnden Mikroorganismen oder Infusionstierchen – so glaubte man allgemein – seien spontan aus faulenden Pflanzenteilen neu entstanden.

«Sie rutschten sachte aneinander hin und schienen sich zu beschnuppern.»

Erst 1866 widerlegte Louis Pasteur mit seinen Pasteurisierungsexperimenten die Generatio spontanea, die Ansicht, dass sich in einem Heuaufguss spontan neue Lebewesen bilden. Bis heute gilt: Leben entsteht immer nur aus schon vorhandenen Lebenskeimen, und wir wissen immer noch nicht, unter welchen frühen erdgeschichtlichen Bedingungen das erste Leben durch Selbstorganisation entstand.

Nach der Synthese des ersten organischen Moleküls wurde das Thema der Alchemisten wieder aktuell, Leben künstlich zu erzeugen.

Am 16. März 1786 hielt Goethe in einem weiteren Brief an Charlotte von Stein fest: «… ich habe Infusionstierchen von der schönsten Sorte …». Und einen Monat später berichtete er von seinen Beobachtungen: «… Das sonderbarste daran war mir, dass sie ein geselliges Wesen untereinander zu zeigen schienen … So waren ihrer wohl ein Dutzend, die sich zusammen hielten, und wenn sie an einander stießen nicht wie andere Infusionstiere sich mit Heftigkeit auswichen, sie rutschten vielmehr sachte an einander hin, um einander herum, kehrten wieder, und schienen sich mit ihren vorderen spitzen Enden zu beschnuppern, wenigstens würde ihre Art sich gegen einander zu verhalten weit organisierteren Tieren wohl angestanden haben.»

Auf einer darauf folgenden Reise wurde sein Mikroskop beschädigt und konnte leider nicht zu seiner Zufriedenheit repariert werden. So kam es, dass er sein Interesse am Mikroskopieren erst vierzig Jahre später wieder aktivierte. Am 6. November 1830 schrieb er an Christian Gottfried Ehrenberg (1795–1876), welcher die geografische Verbreitung der Infusionstierchen untersuchte: «Nun aber kann ich mit größter Bequemlichkeit und Klarheit mich wieder ungescheut in solche Abgründe wagen, deren Schätze Sie uns zugänglich an das Tageslicht hervorheben. Sehr schön und tröstlich für denjenigen, der im Allgemeinen einen ewigen Zusammenhang zu finden glaubt, ist die Bemerkung, dass in dem Wasser unter allen Himmelsstrichen sich gleiche einfache Gestalten hervortun, die sich denn hernach durch Entwicklung und Assimilation als den Haupt-Wirksamkeiten des Lebendigen, auf das wunderbarste vermannigfaltigen mögen. Haben Sie Dank für die Fazilitäten [sprich Hilfestellung], wie wir uns diese Geschöpfe näher gebracht sehen.»

Kurz vor diesem Schreiben, im Jahre 1828, gelang es dem deutschen Chemiker Friedrich Wöhler im Berliner Labor, Harnstoff zu synthetisieren. Zum ersten Mal konnte ein Stoff, der bisher nur von lebenden Organismen bekannt war, künstlich erzeugt werden. Eine absolute Sensation! Damit wurde die Theorie der *vis vitalis* widerlegt. Bis dahin hielt man die Synthese von organischen Stoffen grundsätzlich für unmöglich.

6

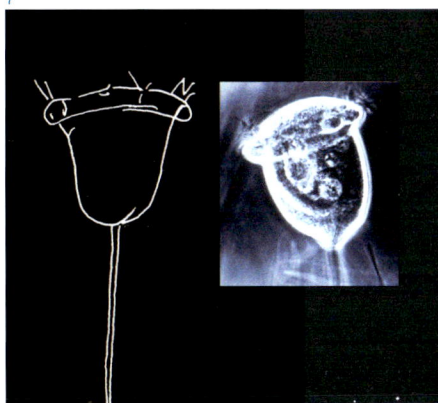

7

Das Ursuppen-Experiment

Um 1920 postulierten der Russe A.I. Oparin und der Engländer J.S. Haldane unabhängig voneinander folgende Umweltbedingungen als Ausgangspunkt der Evolution: Keinerlei Sauerstoff, vulkanische Gase wie Methan, Schwefelwasserstoff und Ammoniak, ungehinderte Einstrahlung von UV-Licht der noch jungen Sonne, noch keine schützende Ozonschicht und Dauergewitter mit Blitz und Donner.

1953 simulierten Stanley Miller und Harold Urey im Labor diese Urwelt in einem geschlossenen Kreislauf. Ein aufgeheizter Glaskolben mit Wasser simulierte das Urmeer. Die Labor-Uratmosphäre bestand aus Wasserdampf, Wasserstoff, Methan und Ammoniak. Zur Nachahmung der Blitzgewitter zündeten die beiden im Gasgemisch einen Funkenbogen. Ein Rückflusskühler kondensierte den Wasserdampf. Das Wasser floss darauf zurück ins Miniaturmeer. Die zunächst klare Lösung nahm im Verlauf einer Woche eine dunkelbraune Färbung an. Darin entstanden spontan Aminosäuren, die Bausteine der Eiweiße.

Zahlreiche Labors wiederholten danach das Urey-Miller-Experiment und modifizierten es vielfältig. Es zeigte sich, dass sämtliche zwanzig Aminosäuren der Lebewesen, verschiedene Zucker, Lipide und die Bestandteile der Erbanlagen gebildet wurden. Noch bevor das Leben entstand, hatten sich in einer chemischen Evolution sämtliche Bausteine des Lebens im Urmeer angereichert. Die entscheidende Eigenschaft der Uratmosphäre war das weitgehende Fehlen des starken Oxidationsmittels Sauerstoff. Die noch leblose Ursuppe war die wichtigste Voraussetzung für den Beginn der biologischen Evolution.

Durch die Fotosynthese von Cyanobakterien gelangte der aggressive Sauerstoff zuerst ins Wasser und dann in die Atmosphäre. Diese Bakterien waren die ersten, die mithilfe von Licht aus Wasser und Kohlendioxid Sauerstoff freisetzten. Für alle damals auf der Erde existierenden Organismen war die Freisetzung von Sauerstoff eine tödliche Umweltkatastrophe. Sie mussten sich in ökologische Nischen zurückziehen oder ihren Stoffwechsel schrittweise umstellen.

Goethe zweifelte – wie sich bis heute zeigt mit Recht – an der Möglichkeit, jemals Leben in der Retorte zu erzeugen. Er verarbeitete diese Problematik zwischen 1825 und 1831 auf seine geniale Art und Weise. Der Famulus Wagner erzeugt im geheimnisvollen Alchemistenlabor mit diskreter Assistenz von Mephisto einen Homunkulus (Faust II, Akt: V. 6819 ff. und V. 825 ff.)

Homunkulus in der Phiole zu Wagner:

Nun Väterchen! Wie stehts? Es war kein Scherz.
Komm, drücke mich recht zärtlich an dein Herz,
Doch nicht zu fest, damit das Glas nicht springe.
Das ist die Eigenschaft der Dinge:
Natürlichem genügt das Weltall kaum,
Was künstlich ist, verlangt geschlossnen Raum.

Er verwandelt sich.

Schon ist's getan!
Da soll es dir zum schönsten glücken,
Ich nehme dich auf meinen Rücken
Vermähle dich dem Ozean.

Es leuchtet! seht! – Nun lässt sich wirklich hoffen
Dass, wenn wir aus viel hundert Stoffen,
Durch Mischung, denn auf Mischung kommt es an,
Den Menschenstoff gemächlich komponieren,...

Es wird! die Masse regt sich klarer,
Die Überzeugung wahrer, wahrer:
Was man an der Natur geheimnisvolles pries,
Das wagen wir verständig zu probieren,
Und was sie sonst organisieren ließ,
Das lassen wir kristallisieren.
Es steigt, es blitzt, es häuft sich an,
Im Augenblick ist es getan.
...

Das Glas erklingt von lieblicher Gewalt,
Es trübt, es klärt sich; also muss es werden!
Ich seh' in zierlicher Gestalt
Ein artig Männlein sich gebärden.
...

In der Walpurgisnacht nimmt sich danach
der Delphin Proteus des kleinen Homunkulus an:

Ein leuchtend Zwerglein! Niemals noch gesehen!
Doch gilt es hier nicht viel Besinnen,
Im weiten Meere musst du anbeginnen!
Da fängt man erst im Kleinen an
Und freut sich Kleinste zu verschlingen,
Man wächst so nach und nach heran,
Und bildet sich zu höherem Vollbringen.
....
Dich trägt ins ewige Gewässer Proteus-Delphin.

Der Faust-Text zeigt, dass Goethe um 1830 – im Gegensatz zu Linné (1707–1778) – einige Zeit vor Darwin (1809–1882) und Haeckel (1834–1919) dem Entwicklungsgedanken recht nahe stand.

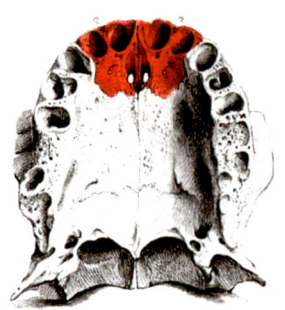

8

Goethe versuchte schließlich beim Studium der Pflanzenmetamorphose und bei seinen vergleichenden anatomischen Studien am Schädel immer wieder, fehlende Sequenzen im Evolutionsfilm zu vervollständigen, was ihm ja im Fall des Zwischenkieferknochens beim Menschen auch gelang.

Da fragt man sich: Warum gelang es diesem vielseitigen Jahrhundertgenie bei so viel Forschungsinteresse nicht, auch in der Naturwissenschaft allgemein anerkannt zu werden? Übrigens eine Tatsache, die er selbst zutiefst bedauerte. Seine Tagebücher bezeugen es, für wissenschaftliche Studien verwendete er mehr Zeit als für seine Dichtung.

Um den Misserfolg Goethes im Bereich der Naturwissenschaften zu verstehen, muss man wissen, dass er eine grundsätzlich andere Position zur Natur einnahm, als es die Wissenschaftler bis heute tun.

Der Biologe und Gestaltforscher Adolf Portmann (1897–1982) schlug dafür ein ausgezeichnetes, methodisch überzeugendes Gleichnis vor. Er schrieb in seinem Buch «Biologie und Geist» Folgendes: «Wir wollen für eine kurze Weile die Lebenserscheinungen mit einem Schauspiel vergleichen – wobei wir uns freilich vor Augen halten, dass jedem Vergleich enge Grenzen gezogen sind.

Da es uns jetzt um die Einstellung der Naturforscher zu ihren Objekten geht, so richtet sich unser Blick auf die verschiedenen Möglichkeiten, sich mit einem Schauspiel auseinanderzusetzen. Dabei meinen wir die ganze Aufführung, das gesamte Bühnengeschehen. Wir suchen nach einem Standort.

Meine Wissbegierde kann mich *hinter* die Bühne führen und dort eine Menge Dinge beobachten lassen. Da entdecke ich, wie Geräusche gemacht werden, wie

Lebewesen sind offene Systeme.

«Der Mensch an sich selbst, insofern er sich seiner gesunden Sinne bedient, ist der größte und genaueste physikalische Apparat, den es geben kann ...»
Johann Wolfgang Goethe

Lichteffekte erzeugt, wie die Schauspieler vorbereitet und geführt werden ...

Wir sind alle einig darüber, dass dies Geschehen hinter der Bühne eben einer Aufführung dient, dass es also noch einen ganz anderen Standpunkt fordert – ja, es bedarf keiner Worte darüber, dass dieser andere Ort des Betrachters *vor* der Bühne, in unserem Fall der wesentlichere ist, der Standort, für den das Schauspiel eigentlich verfasst worden ist.»

Der Blick hinter die Kulissen ist schädlich für das Erlebnis des Schauspiels. Goethe hat ihn hartnäckig verweigert. Für ihn ist der edle Mensch mit seinen Sinnesorganen der vollkommenste Partner für den Dialog mit der Natur. Kein objektivierendes Messgerät, auch kein Mikroskop oder Fernrohr kann ihn ersetzen.

Inzwischen sind die Wissenschaftler nicht mehr im Zuschauerraum, sondern ausschließlich hinter der Bühne tätig. Eigentlich schade – die Neugier für das Geschehen hinter den Kulissen ermächtigt uns, in die Regie einzugreifen. Ob das wohl gut geht? Ich denke dabei an die Atomenergie, die Entgrenzung des Wachstums oder an die Genmanipulation. Wo bleibt da die von Goethe geforderte Selbstbeschränkung?

In diesem Buch plädiere ich dafür, das Schauspiel des Lebens nicht nur hinter den Kulissen zu verfolgen, sondern auch im Zuschauerraum, wie es Goethe als richtig empfand und wie es gegenüber der Kunst und der Literatur bis heute üblich ist. Die Mikrowelt im Wassertropfen: ein Gesamtkunstwerk, dem man mit wacher Neugier, aber auch mit Respekt und Liebe begegnen soll!

Im Naturhistorischen Museum Wien gibt es ein reales Mikrotheater. Ich kenne kein anderes Naturmuseum in Europa, welches dem Besucher regelmäßig

Live-Demonstrationen aus dem Mikrokosmos präsentiert, gelegentlich sogar in Stereoprojektion. Man muss gesehen haben, wie die muntere Schar interessierter Kinder unter kundiger Führung das Schauspiel der geheimnisvollen Mikrorealität erlebt. Bei Jugendlichen ist die Goethe'sche Perspektive noch intakt. Das Zappel-Erlebnis im anregenden Mikrotheater vermag bestimmt den einen oder andern Zuschauer zu prägen, so wie es mir seinerzeit mit dem UFA-Film ergangen ist.

Im Alter von 85 Jahren zog Konrad Lorenz seine Lebensbilanz. Er schrieb in seinem letzten Buch «Hier bin ich – wo bist Du?», «... jede wirkliche Berufung geht aus einer sehr frühen Emotion hervor».

9

10

11

8　Zwischenkieferknochen des Menschen

9　Adolf Portmann

10　Mikrotheater im Naturhistorischen Museum Wien

11　Naturhistorisches Museum Wien

Der Künstlerbiologe Ernst Haeckel

«Immer sind mir die kurzen Tage zu rasch, und mit Sehnsucht sehe ich dem Morgen entgegen, der mich wieder an mein geliebtes Mikroskop führt, das mir in jedem Tropfen Seewasser Hunderte und Tausende der herrlichsten Schöpfungswunder zuführt.» So schrieb der 25-jährige, frisch promovierte Arzt Ernst Haeckel (1834–1919) im Jahr 1859 aus Messina an seine Verlobte Anna Sethe in Heringsdorf bei Berlin. Im selben Jahr veröffentlichte Charles Darwin nach langem Zögern sein erstes großes Werk «Die Entstehung der Arten».

In nur 15 Monaten genoss Haeckel auf seiner Italienreise nicht nur die Kunst in vollen Zügen, sondern entdeckte auch 144 unbekannte Urtierarten, die er beschrieb und kunstvoll abbildete.

Damit fiel sein Zickzackkurs zwischen gefordertem Medizinstudium, erwünschter Zoologie und sporadisch aufgeflammter Sehnsucht nach der Malerei definitiv zugunsten der Zoologie aus.

Im September 1860 trug er in Berlin den Naturforschern und Ärzten seine wissenschaftlichen Entdeckungen vor. Er erregte damit allgemeines Erstaunen und erntete Anerkennung, selbst von seinem renommierten, jedoch wenig geliebten Lehrer Rudolf Virchow (1821–1902).

1862 erschien Haeckels erstes großes Werk «Die Radiolarien». Dabei imponierte diese Publikation auch durch die 35 meisterhaft ausgeführten Bildtafeln. Sie wurde zum durchschlagenden Erfolg und begründete Haeckels Ruf als Zoologe und Systematiker von Format. Damit stand er in den vordersten Reihen der zeitgenössischen Naturwissenschaftler, neben Darwin, dessen bahnbrechend neue Ideen zu den Ursachen der Evolution ihn mächtig begeisterten. Im Alter von 28 Jahren wurde Haeckel an die Universität Jena berufen, als erster Professor für Zoologie.

An einem einzigen Tag entdeckte Haeckel 12 neue Strahlentiere.

Haeckel entwickelt sich im deutschsprachigen Raum zum aktivsten Vorkämpfer für die Evolutionstheorie Darwins.

Bald darauf heiratete er in Berlin Anna Sethe. Es wurde eine kurze Ehe. An seinem 30. Geburtstag, dem 16. Februar 1864, starb seine geliebte Anna nach kurzer Krankheit. Damit löste sich der sensible Haeckel vom letzten Rest seines Kirchenglaubens. Er verabschiedete sich gründlich vom Dualismus, der Geist und Materie als zwei getrennte Letztursachen postuliert. Trost fand der temperamentvolle Haeckel in seiner Arbeit und in weiteren Forschungsreisen. 1867 heiratete er zum zweiten Mal und wurde Vater dreier Kinder.

Die Naturwissenschaften gerieten immer mehr in den Sog der Abstammungstheorien. In der breiten Öffentlichkeit wurde Darwins Evolutionsidee auf die Abstammung des Menschen von affenähnlichen Vorfahren reduziert. Die entscheidende Frage lautete: Schöpfungsglaube oder schrittweise Entwicklung vom Einfachen zum Komplexeren, starres Festhalten an etablierten Denkgewohnheiten oder unbequeme Neuorientierung, Verharren im Alten oder Fortschritt?

Das war der Zündstoff für Blitz und Donner aus heiterem Himmel in eine ausgetrocknete geistige Landschaft. Ein Feuer wurde entfacht, und ein Flächenbrand von ungeahnter Ausdehnung brach los. Bekanntlich glimmt in einigen Staaten der USA bis heute die Glut unter der Asche weiter. Es ist dort verboten, im Schulunterricht das Thema Evolutionslehre zu behandeln, aus Darwin wurde Darkwin, eine Finsternisgestalt.

Mit seinem reichhaltigen Wissen und mit hervorragenden Bildern von unzähligen Einzellern, Schwämmen und Medusen, aber auch mit eigenen neuen Erkenntnissen aus der Embryologie argumentierte Haeckel ganz im Sinne von Darwin gegen archaische Weltbilder und gegen den Schöpfungsglauben der Bibel.

12

Leider wurde er dabei oft polemisch, manchmal aggressiv, ja sogar fanatisch. In einer kühnen philosophischen Ausweitung der Evolutionslehre zum sogenannten Monismus – der Annahme einer einzigen göttlichen Ursache – sah der idealistische Materialist Haeckel den Schlüssel zur unmittelbar bevorstehenden Lösung sämtlicher Welträtsel. Allerdings täuschte er sich in der Annahme, dass diese durch seine Forschung bald endgültig gelöst sein würden. Schade, denn als großen und unermüdlichen Sachforscher muss man ihn bewundern.

Kann unser wachsendes Wissen jemals an eine absolute Grenze stoßen?

13

14

12   Ernst Haeckel
13   Charles Darwin
14   Karikatur Darwins, 1871

Organische Ornamente

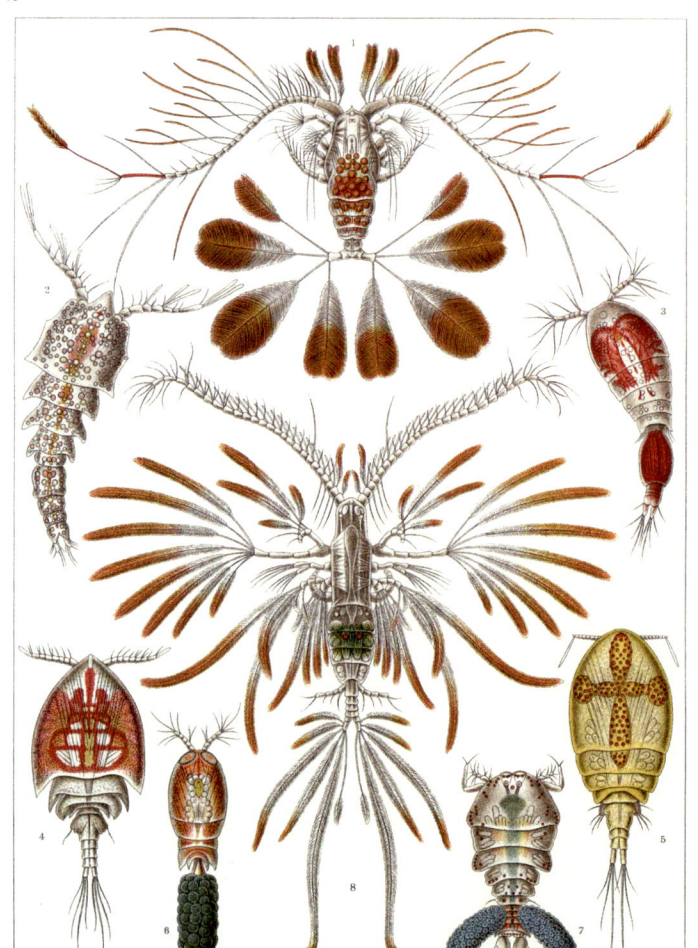

15

Das Bilderwerk «Kunstformen der Natur» wurde zum Bestseller seiner Zeit.

Copepoda. Ruderkrebse.

Ein unbestrittenes Verdienst gebührt dem Künstlerbiologen Ernst Haeckel jedoch um die Popularisierung des Lebens in den kleinsten Dimensionen. Im Jahr 1900 erschien sein großartiges Bilderwerk «Kunstformen der Natur». Es wurde zum absoluten Bestseller seiner Zeit. Kein anderes Buch fand so schnell den Weg in die Stuben wissbegieriger Leute. Die zum Teil farbigen Lithografien von unzähligen Mikroorganismen, kunstvoll dargestellt, absolut naturgetreu, jedoch ornamental angeordnet, begeistern bis heute nicht nur Künstler und Architekten, sondern auch Eltern und Kinder.

Zum ersten Mal in der Geschichte der Biologie wunderte sich jedermann darüber, dass in der unsichtbaren Mikrowelt der Gewässer hochinteressante Organismen von bezaubernder Schönheit existieren. Solche Erkenntnisse weckten selbstverständlich neues Interesse am Blick durchs Mikroskop, aber diesmal im positiven Sinn. Von nun an galt in der Biologie: Small is beautiful.

Verborgene Übermacht

1

2

**Einen Blick
durchs Mikroskop
nur braucht es ...**

**... um das Komplexe
im Einfachen
zu erkennen.**

Unvergleichbar

Ernst Haeckel erforschte unzählige Lebensformen, bildete sie ab und verglich sie miteinander. Dabei fiel ihm auf, dass sich die frühen Entwicklungsstadien, das Ei und der Embryo, bei ganz verschiedenen Tieren äußerlich kaum voneinander unterscheiden. Haeckel vertrat die Auffassung, das individuelle Leben durchlaufe unmittelbar nach der Befruchtung in groben Zügen die Geschichte seiner Vorfahren. Die Ontogenie ist nach Haeckel eine abgekürzte Phylogenie. Alle Mehrzeller beginnen ihr Leben als Einzeller in Form einer winzigen Eizelle. Die endgültigen Gestaltunterschiede des Schafs, der Katze, der Fledermaus oder des Menschen formen sich erst im Verlaufe der Embryonalentwicklung allmählich heraus. Der minutiöse Vergleich, das Nebeneinanderstellen der frühen Entwicklungsstadien verschiedener Tierarten ließ Haeckel klar erkennen, dass eine unverkennbare Verwandtschaft zwischen mehrzelligen Organismen besteht.

Diese Erkenntnis wurde zum Auslöser vieler Dispute und vertiefter Untersuchungen. Insbesondere auch, weil Haeckel sie in seiner Begeisterung sogleich als Gesetz, als sogenanntes Biogenetisches Grundgesetz, deklarierte. Heute wissen wir, dass Gesetze in der Politik oder in der Mathematik angebracht sind, im offenen System des Lebens jedoch kaum vorkommen. In der Biologie gelten Regeln, welche durch die Ausnahmen bestätigt werden.

Wie würde er heute triumphieren, wenn er erfahren könnte, dass alle Organismen eine gemeinsame chemische Erbsubstanz besitzen, das DNS-Erbmolekül.

Der Formenvergleich hat auch zu Beginn der botanischen Systematik zu Fortschritten geführt. Der Schwede Carl von Linné (1707–1778) brachte die zu seiner Zeit bekannten 8500 höheren Pflanzenarten – heute sind es ca. 250 000 – erstmals in eine überzeugende Ordnung, Systema naturae genannt. Als Einteilungskriterium verwendete er die Zahl der Geschlechtsorgane in den Blüten. Um eine Pflanzenart zu bestimmen, genügte es fortan, die Zahl der Staub- und Fruchtblätter zu ermitteln.

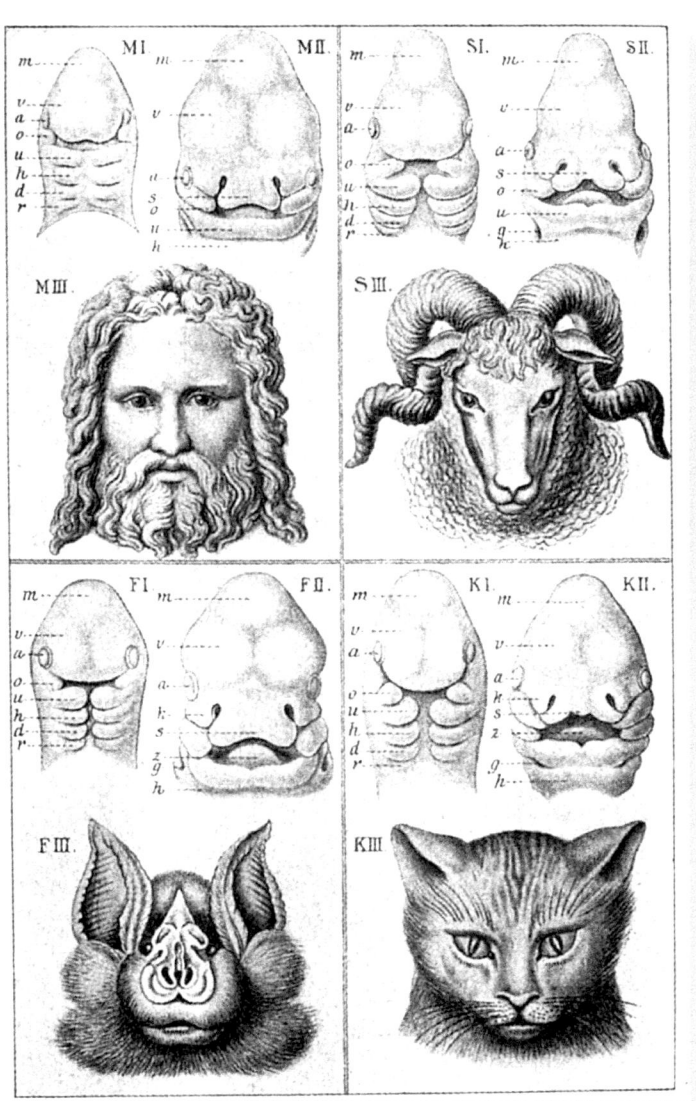

3

1   Röhrenflagellatenkolonie
    nach Ernst Haeckel
2   Röhrenflagellatenkolonie,
    Realaufnahme
3   Embryonenvergleich von vier
    verschiedenen Säugern

Jeder Organismus erhielt danach einen Vor- und einen Geschlechtsnamen, so wie es auch bei uns Menschen üblich ist. Man nennt das eine binäre Nomenklatur. Nur sind die von Linné eingeführten Artnamen bis heute lateinisch und der Vorname wird hinter den Familien- beziehungsweise Gattungsnamen gestellt. Der Große Wasserschlauch zum Beispiel heißt Utricularia vulgaris L. Das L. be- deutet, dass Linné persönlich der Pflanze als Taufpate zur Seite stand. Diese inter- essante fleischfressende Unterwasser- pflanze kommt in Moortümpeln vor und fängt ihre Beute mit Saugfallen.

Die vergleichende Formenlehre brachte Ordnung in die Vielfalt der Organismen.

Die Medizin und die Biologie arbeiten oft mit ver- gleichender Formenlehre. Ein Student büffelt unter anderem Vergleichende Anatomie, Vergleichende Zel- lenlehre oder Vergleichende Stoffwechsellehre. Somit stimmt es, dass der Vergleich eine nützliche wissen- schaftliche Arbeitsmethode ist.

Versuchen wir einmal, unser Menschsein in die Mikrowelt zu integrieren. Welch ein Unterfangen, einen noch größeren Gegensatz gibt es wohl kaum innerhalb des gesamten Lebens! Die Mikrowelt der kleinen und kleinsten Lebewesen steht ganz am Anfang der Evolu- tionsgeschichte, unsere zivilisatorisch-kulturell geprägte und technisierte Welt dagegen vernetzt sich soeben glo- bal und schickt sich an, den Weltraum zu erobern.

Vergleiche sind umso ergiebiger, je ähnlicher die ausgewählten Objekte sind. Die Vorstellung, dass wir Menschen, ver- kleinert auf die Größe der Pantoffeltiere, da unten an den Wurzeln des Lebens auch nur einigermaßen zurechtkommen würden, ist absurd. Und trotzdem lohnt sich das kühne Gedankenexperiment. Wir Menschen gehören schließ- lich genauso zum Klub der erfolgreichen Lebewesen wie die heutige Amöbe im Gartenteich oder die Zieral- gen im Hochmoor.

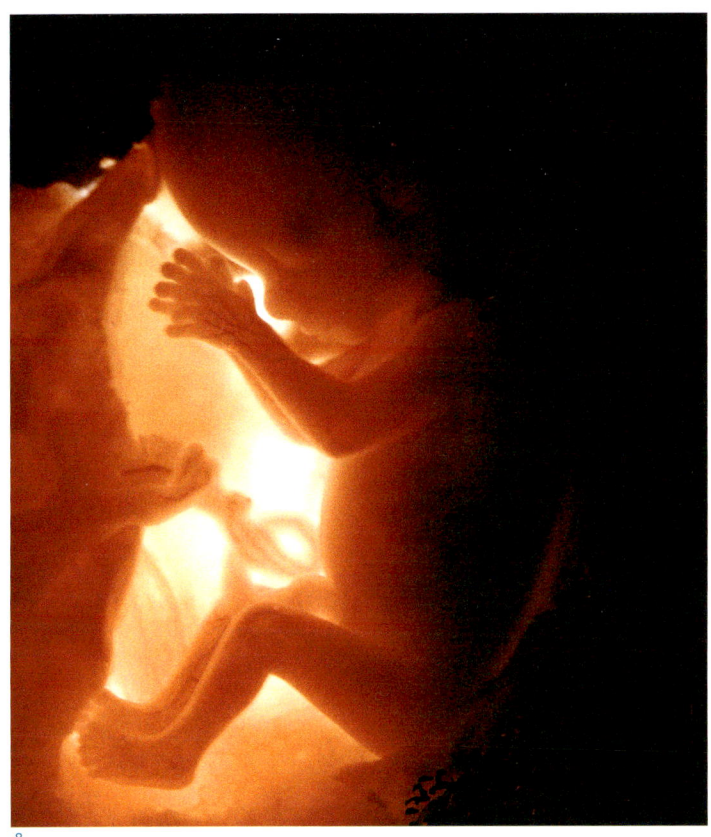

8

9

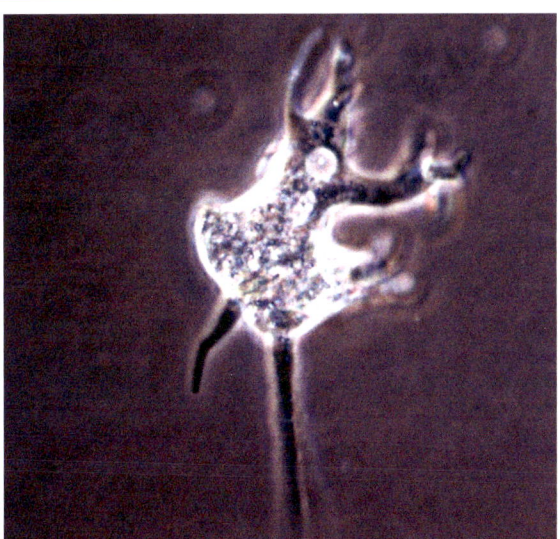

10

Vielleicht doch vergleichbar

11

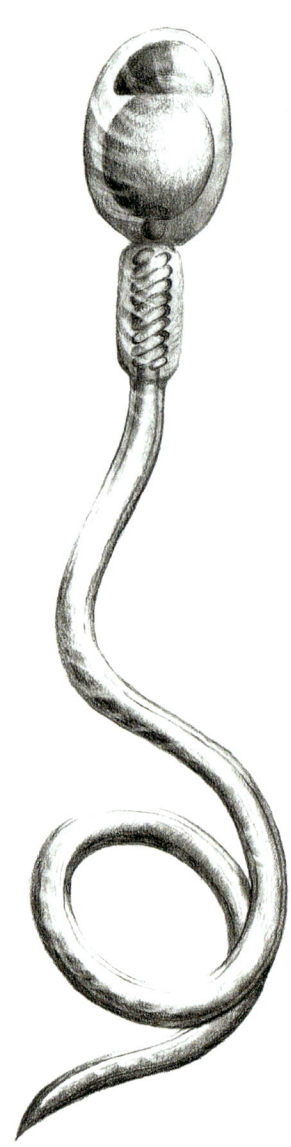

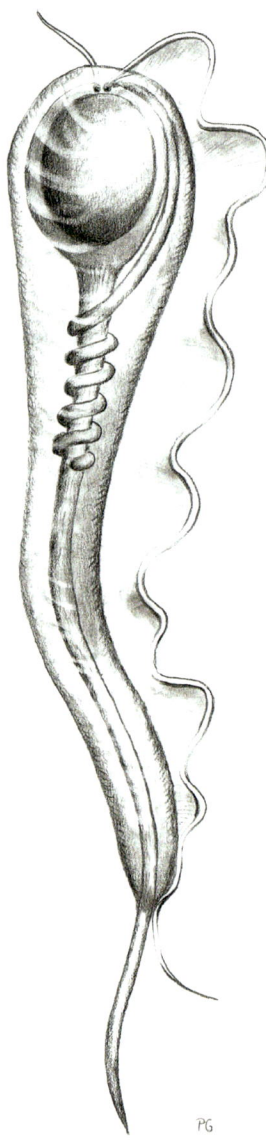

Das Spermium ist ein Spezialist im Körper des Mannes.

Das Geißeltier ist ein selbstständiger Organismus.

Gibt es überhaupt Gemeinsamkeiten zwischen dem Mikro- und dem Makrokosmos? Tatsächlich, sie betreffen zwar nur kleine Details von uns. Ich denke an die auffällige Ähnlichkeit gewisser Geißelträger mit den Samenzellen von Säugern. Die Spermien und die einzelligen Geißeltiere haben viele ähnliche Merkmale. Dies gilt auch für die Embryonen der Säuger, was schon Ernst Haeckel aufgefallen war.

Doch aufgepasst: Es gibt auch Übereinstimmungen der Gestalt aufgrund vergleichbarer Aufgaben. Die Bakteriengeißel ist der Geißel von Flagellaten oder von Spermien ähnlich, weil sie wie diese der Fortbewegung dient. Bei genauerem Hinsehen jedoch sind die Unterschiede dann doch zu groß, um eine Verwandtschaft zu belegen. Wir werden später die Bakteriengeißel noch genauer kennenlernen.

Sind wir am Anfang unseres Lebens vielleicht doch modifizierte Einzeller in Form einer winzigen, nur einen Zehntelmillimeter großen befruchteten Eizelle?

Unvergleichbar fremdartig sei der Mikrokosmos, so dachten wir mit Recht. Etwas genauer betrachtet, gibt es jedoch einige Gemeinsamkeiten. Wir müssen unser Beobachtungsfeld nur tief ins Innere des Mutterleibes verlegen. Unmittelbar nach der Befruchtung sind wir Menschen, äußerlich betrachtet, durchaus vergleichbar mit mikroskopischen Organismen aus dem Plankton unserer Gewässer.

Gibt es Erbfaktoren in unseren Chromosomen, welche schon die Urgeißeltiere besaßen? Und werden diese aktiv bei der Ausformung der Spermien? Sind Geißeltiere somit unsere fernen Verwandten? Ja, tatsächlich, analog zur Verwandtschaft mit den Affen, nur viel weiter zurück auf der Zeitachse der Evolution.

Es gibt noch eine andere verblüffende Ähnlichkeit zwischen einzelnen Zellen unseres Körpers und den munteren Mikroorganismen im Teich. Diesmal beim weiblichen Geschlecht. Im Eileiter der Frau und am trichterförmig erweiterten oberen Ende dieses lebendigen

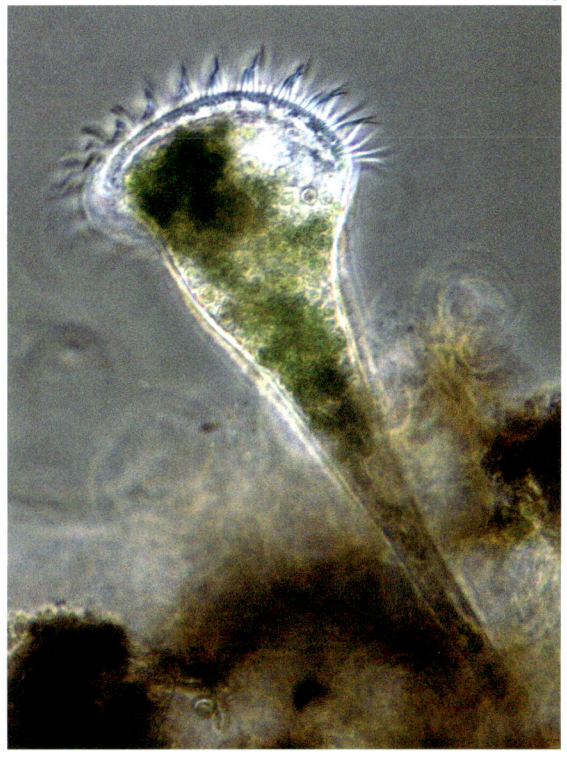

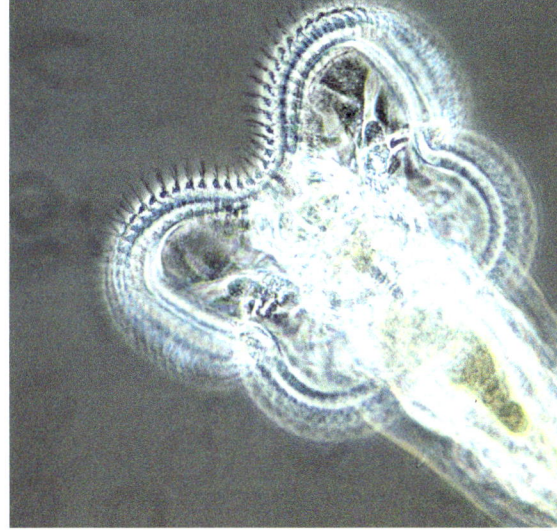

**Die Flimmerhaare in
den Bronchien und
im Eileiter haben ihre
Vorläufer beim Trom-
peten-Wimpertier und
bei den Rädertieren.**

11 Ähnlichkeit gewisser Geißelträger mit den Samenzellen
12 Kronenlappen-Rädertier
13 Trompeten-Wimpertier
14 Blumen-Rädertier

Tunnels flimmert es genauso wie etwa beim Trompeten-Wimpertier oder bei vielen Rädertieren. In beiden Fällen wird durch unzählige Flimmerhaare oder Cilien ein saugender Wasserstrom erzeugt. Im ersten Fall wird das vom Eierstock abgesprungene Ei angesaugt und durch den Eileiter in die Gebärmutter transportiert. Im zweiten Fall wird kräftig Nahrung aus der Umgebung herbeigestrudelt oder das Tier selbst wird durchs Wasser gezogen.

Bei beiden Geschlechtern findet man in der Luftröhre und in den verzweigten Bronchien das sogenannte Flimmerepithel, eine Tapete mit Wimpern. Es hat die Aufgabe, mit Schleim abgefangene Staubpartikel in die Nasen- und Halsregion hinauf zu transportieren. Dort können die Fremdkörper ausgeschieden werden.

Damit aber noch nicht genug. Überall im Blutkreislauf zirkulieren an den Wänden haftende farblose Kügelchen, die weißen Blutkörperchen oder Leukozyten, die wachsamen Gesundheitspolizisten unseres Körpers. Sie stürzen sich bei einer Infektion in den Kampf gegen eingedrungene Krankheitserreger und fressen sie auf. In größeren Mengen erkennen wir die gefallenen und abgestorbenen Polizeihelden als gelblichen Eiter.

Sind unsere weißen Blutkörperchen vielleicht Abkömmlinge ehemaliger Uramöben? Eine interessante Frage, auf die wir noch keine endgültige Antwort haben. Vermutlich sind Genteile von Uramöben ein integraler Bestandteil unserer Erbmasse.

Aber wer hat schon einmal einen einzelnen Körperpolizisten durchs Mikroskop gesehen? Zu diesem Zweck empfehle ich, einen Frosch mit dem Reagens MS 222 in einer Tauchnarkose zu betäuben. Dann wird ein mikroskopisches Deckglas diagonal zerbrochen und das Dreieckgläschen zwischen zwei lange Zehen am Hinterbein des Frosches auf die Schwimmhaut gelegt.

Auf das bevorstehende Erlebnis kann sich jeder Mikroskopiker vorbehaltlos freuen. Stunden vergehen wie Minuten. Den Blutkreislauf eines Frosches bis in die feinsten Kapillaren live zu beobachten, ist absolut betörend! Mit dem Herzschlag werden die roten Blutkörperchen durch die Kapillaren gezwängt, wo sie ihren Sauerstoff abgeben. Dort und in den umgebenden Arteriolen und Venolen findet man an den Wänden klebende und mitgeschobene Kügelchen. Es sind weiße Blutkörperchen. Man wird sie unschwer erkennen. Es ist fast so, wie wenn man aus dem Helikopter auf ein grandioses Autobahnnetz mit Rush-hour-Verkehr blicken würde.

Das Eindringen eines Körperpolizisten ins angrenzende Gewebe zu beobachten braucht allerdings außergewöhnliches Entdeckerglück. Dies beobachten wir

MS222

15   Blutgefäße in der Schläfenregion eines Embryos

16—19 Vier Bewegungsstadien einer Amöbe bzw. Modellorganismus für weißes Blutkörperchen

MS222 (Sandoz, Basel) ist ein Betäubungsmittel, das ausschließlich an wasserlebenden Tieren wirkt; ein weißes, leicht lösliches Pulver, das in 1000- bis 10 000-facher Verdünnung zur Anwendung kommt. Wenn das Tier nach Stunden, eventuell sogar nach Tagen, zurück ins Wasser gelassen wird, erwacht es, ohne Schaden genommen zu haben.

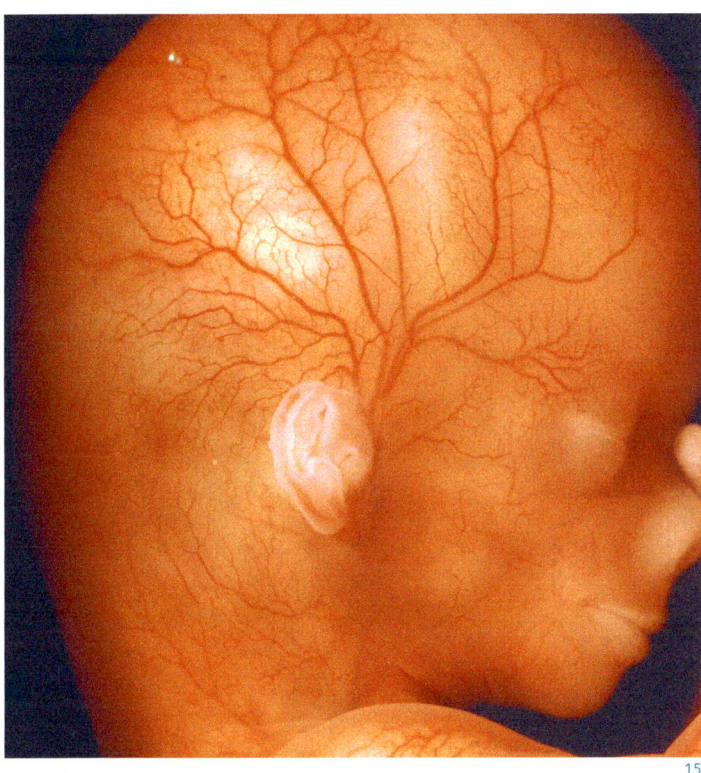
15

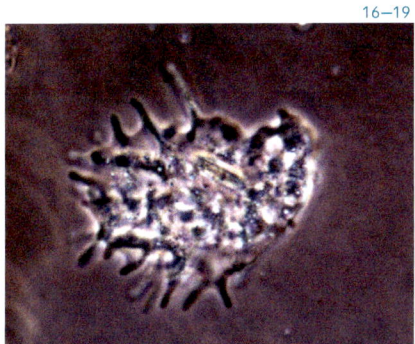
16—19

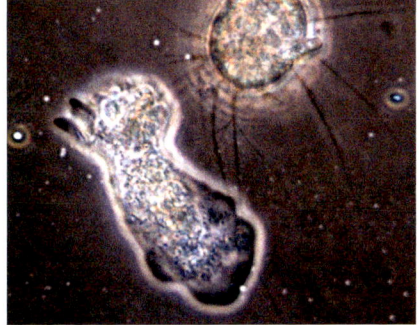

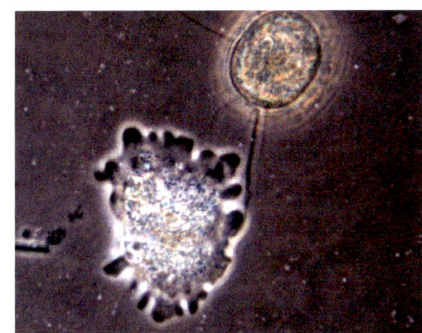

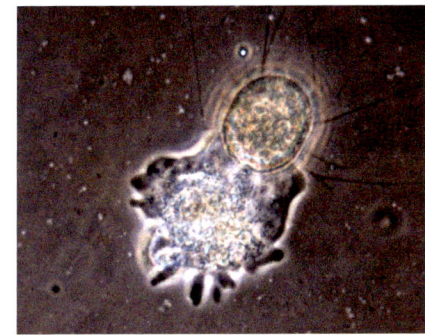

einfacher und erfolgversprechender an den frei lebenden Vorfahren unserer Leukozyten, den Amöben oder
Wechseltieren. Wie ihr Name besagt, haben die Wech-
seltiere ständig wechselnde Scheinfüßchen, sogenannte
Pseudopodien. Die langsame, fließende Fortbewegung
ist bis heute noch rätselhaft. Umso faszinierender ist
das Schauspiel dieser Protoplasmaströmung im Zeit-
rafferfilm.

Symbiosen überall

Der Höhepunkt dieser Dennoch-Ähnlichkeiten zwischen uns und der Mikrowelt des Tümpels steht uns noch bevor. Ich möchte nicht versäumen, kurz zu erzählen, was sich in jüngster Zeit als eine weitere geradezu Schwindel erregende Vergleichsperspektive zwischen unserem Körper und der niedrigsten Evolutionsstufe des Lebens eröffnet hat: In allen unseren Zellen befinden sich lebende Urbakterien, als höchst unabdingbare und nützliche Untermieter.

In der Tat, der menschliche Körper besteht zu einem großen Teil aus modifizierten Urbakterien. Diese wurden vor der Entdeckung dieser Symbiose als Zellorgane betrachtet, und man nannte sie Mitochondrien. Sie bilden die Zentren des Energiestoffwechsels. Die energieaktiven Muskelzellen sind damit prall gefüllt. Ist die oft zitierte Umwelt oder Mitwelt also auch unsere biologische Innenwelt? Tatsächlich. Wir sind tief mit urtümlichster Umwelt identifiziert.

Der Verdacht auf symbiotischen Einschluss wurde vor allem dadurch erhärtet, dass es in den Mitochondrien zellkernunabhängige Erbfaktoren in Form von ringförmiger DNS gibt. Mitochondrien haben praktisch dieselbe Form und Größe wie frei lebende Bakterien. Sie teilen und vermehren sich im Protoplasma selbstständig, jedoch in bestem Einvernehmen mit dem Zellkern. Über das Protoplasma der Eizelle gelangen sie jeweils in die nachfolgende Generation. Das Spermium dagegen tritt als nackter Kern ohne Protoplasma über die Generationenschwelle.

Damit wird klar, dass die mitochondrialen Erbfaktoren ausschließlich über die Mütter vererbt werden. Den Anthropologen gelang aufgrund dieser Tatsache der Nachweis, dass die Stammmutter aller heute lebenden Menschen wie vermutet in Ostafrika zu Hause war.

Beim Evolutionsübergang von den kernlosen Bakterien, den sogenannten Prokaryoten, zu den kernhaltigen Einzellern, den Eukaryoten, müssen sich mehrfach Fusionen zu wechselseitigem Nutzen abgespielt haben. Man spricht von der seriellen Endosymbionten-Theorie. Wir verdanken die Propaganda für diese Idee vor allem der amerikanischen Biologin Lynn Margulis. Sie sammelt unermüdlich weiteres Beweismaterial dazu.

Inzwischen wissen wir auch, dass das gesamte Blattgrün in unserer Welt aus symbiotisch eingepackten Urbakterien besteht. Die Blattgrünkörner sämtlicher Pflanzen stammen von Cyanobakterien ab. Diese haben als erste die Fähigkeit zur Energiegewinnung aus Sonnenlicht, zur Fotosynthese, entwickelt.

Volle 10 Prozent unseres Trockengewichtes sind symbiotische Urbakterien.
Sagan und Margulis, 1988

Das gesamte Grün unserer Vegetation besteht aus symbiotisch eingewickelten Urbakterien.

20

21

20—21 Rauhe Armleuchteralge mit
    Fortpflanzungsorganen. Die
    männlichen Antheridien sind
    braunrote Kugeln, die weib-
    lichen Oogonien tragen eine
    Krone.

Die Augen ins Auge gefasst

Ich bin zwar kein Prophet, aber vielleicht entpuppt sich sogar das Auge als ursprünglich symbiotischer Untermieter von frühen Vorfahren. Der Zürcher Entwicklungsbiologe Professor Walter Gehring, der am Basler Biozentrum forscht, erhofft sich diesbezüglich neue Erkenntnisse.

1995 entdeckte Gehring das Hauptschaltergen Pax6, welches die Aktivität von einigen Tausend untergeordneten Genen für die Augenentwicklung bei Insekten steuert. Doch dieses Gen scheint überhaupt nicht artspezifisch zu sein. Es ist nicht nur bei der Fruchtfliege Drosophila, sondern auch bei Weichhäutern, bei Fröschen und Fischen, bei Vögeln und Säugern oder eben auch beim Menschen aktiv. Besonders interessant ist die Tatsache, dass so verschiedene Augentypen wie das Facettenauge der Insekten und das Linsenauge der Säuger das gleiche Hauptschaltergen besitzen. Dies ist ein klarer Beweis dafür, dass sich diese zwei Augentypen in der Evolution nicht unabhängig voneinander entwickelt haben, wie man bisher glaubte.

Nun aber zeigt sich, dass auch regelnde Eiweiße von Bakterien Ähnlichkeit zu den Hauptschaltergenen bei kernhaltigen Ein- und Mehrzellern aufweisen. Darum nehmen viele Forscher an, dass die Steuereiweiße der Bakterien sich bei zunehmender Komplexität zu Hauptschaltergenen entwickelt haben könnten.

Jetzt können wir besser verstehen, warum Professor Gehring an einigen Panzerflagellaten der Meere besonders interessiert ist, zum Beispiel an Erythropsis pavillardi. Dieser Einzeller hat ein Auge, das, wie beim Augenflagellaten Euglena, die Richtung des einfallenden Sonnenlichtes ausmachen kann. Doch im Gegensatz zum Euglena-Auge mit dem roten Augenpunkt benötigt es keine Rotation um die Längsachse, es funktioniert aus dem Stand. Der rote Augenpunkt von Euglena wirft bei jeder Umdrehung einen Schatten auf die Geißelbasis und steuert sich dabei selbst in Richtung Licht. Das Erythropsis-Auge macht bis zwanzig Prozent des Körpervolumens aus. In der Mikrowelt fürwahr ein Riesenauge! Es besteht aus einer Linse, einem Glaskörper und einer netzhautähnlichen Zone mit karotinartigen, lichtempfindlichen Elementen.

Es kann wie ein Periskop ausgestülpt und gewendet werden. Man weiß inzwischen, dass es sich aus einem symbiotisch eingemieteten und fotoaktiv begabten Cyanobakterium entwickelt hat. Cyanobakterien stehen ja auch am Anfang der Fotosynthese-Evolution und sind die Vorläufer sämtlicher Blattgrünkörner.

Schon länger bekannt ist die Tatsache, dass die Panzer- oder Dinoflagellaten häufig in Symbiose mit Korallen und Medusen leben. Es ist also durchaus naheliegend anzunehmen, dass die Augen der Meeresquallen ihren Ursprung einer weiteren symbiotischen Fusion verdanken.

Wenn es Gehring gelingt, bei den Augen besitzenden Panzerflagellaten denselben genetischen Hauptschalter für die Augenentwicklung nachzuweisen wie bei allen übrigen Tieren mit Augen, dann schafft er einen weiteren Durchbruch für die Symbiosetheorie. Damit wären auch unsere Augen ursprünglich aus selbstständigen Cyanobakterien hervorgegangen.

Die symbiotischen Fusionen werden die Forscher noch lange beschäftigen, denn die Beweislage ist bisweilen sehr dürftig. Stimmt es, dass die Wimpern aus angedockten, flinken Korkenzieherbakterien hervorgegangen sind? Und ist es richtig, dass in der Folge davon die Chromosomen im Zellinnern beweglicher geworden sind? Oder, wie kommt es zu so verblüffenden Ähnlichkeiten zwischen sehr kleinen Waffen der Einzeller und den relativ großen Nesselgeschossen der Hydra und aller Hohltiere? Wir wissen es noch nicht genau.

Die Netzaugen der Gliederfüßler und die Linsenaugen der Wirbeltiere haben einen gemeinsamen Ursprung.

22

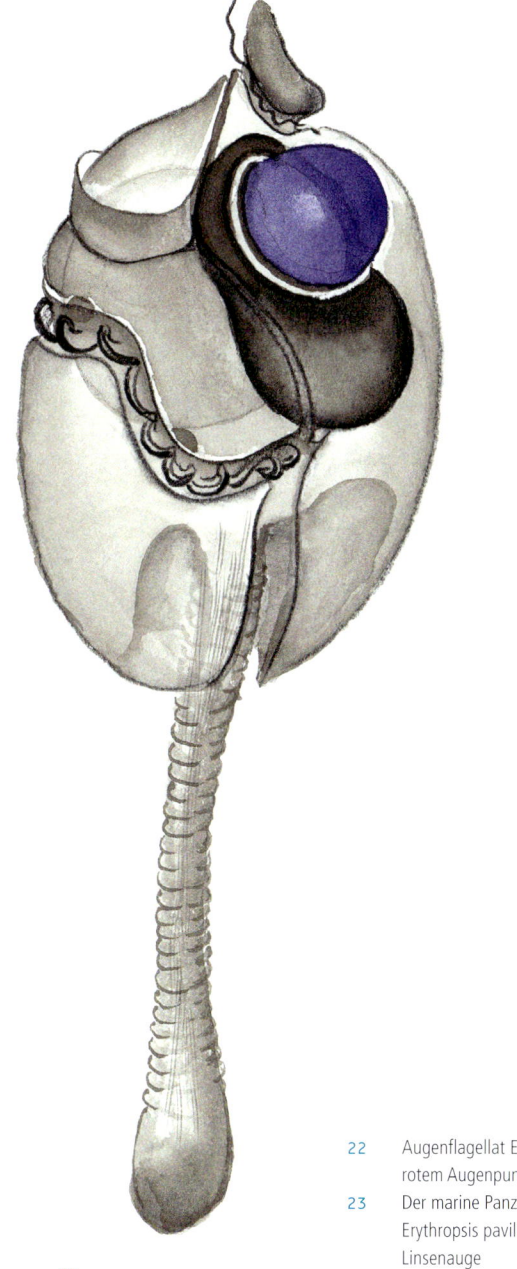

Eines steht jedoch fest, dass sich die heutige Mikrowelt der Einzeller als ein mehr oder weniger getreues Abbild der Frühzeit der Evolution erweist, aus der auch alle höher entwickelten Lebewesen hervorgegangen sind. Davon zeugen viele verblüffende Ähnlichkeiten in unserem Körperbau mit frei lebenden Mikroorganismen. Die Evolution scheint sich auf sehr frühe Erfindungen abzustützen, indem sie diese fortwährend weiterentwickelt und den jeweiligen Bedürfnissen anpasst.

22 Augenflagellat Euglena mit
    rotem Augenpunkt, Modell
23 Der marine Panzerflagellat
    Erythropsis pavillardi mit
    Linsenauge

23

Versteckte Mikrowelt im Kuhmagen

Das Mikroskop ist in der Biologie etwa so wichtig und zentral wie das Fernrohr in der Astronomie. Es war daher ein methodisch-technischer Quantensprung, als sich im Jahr 1969 die Möglichkeit eröffnete, über eine Videokamera mit Monitor gleichzeitig einer ganzen Schulklasse das mikroskopische Leben im Wassertropfen live zu demonstrieren.

Ich erinnere mich noch an die Zeiten davor. In Einerkolonne warteten die neugierigen Schüler, bis sie den sensationellen Blick auf das lebende Mikropräparat werfen konnten. Alle waren zufrieden und glaubten, das Gesuchte gesehen zu haben. Doch sie irrten sich. Es stellte sich nachträglich heraus, dass das Präparat verschoben wurde und alle nachfolgenden Schüler statt des Wasserflohs eine silbrig glänzende Luftblase bewundert hatten.

Unsere fortschrittliche Schule besaß schon bald eine schwere und voluminöse Videokamera, die, auf einem massiven Stativ befestigt, stellvertretend ins Mikroskop hineinschauen konnte. Es versteht sich, dass ich diese moderne, fahrbare Einrichtung gerne und mit Begeisterung im Unterricht einsetzte.

Eines Tages bot sich mir wieder einmal die Gelegenheit dazu. Ich wollte den Begriff der Symbiose vertiefen. Es ging um das nützliche Zusammenleben zweier Arten. Als Beispiele dafür waren den Schülern die Freundschaft zwischen Mensch und Hund oder die Beziehung zwischen Bauer und Kuh geläufig. Dass aber die Kuh selbst ein Symbiosepartner für winzige Bakterien, Geißel- und Wimpertiere ist, war ihnen unbekannt. Ohne die Mithilfe dieser kleinen Heinzelmännchen in ihrem Wiederkäuermagen – dem sogenannten Pansenmagen – könnte sie das Futter niemals so perfekt verdauen.

An der Wandtafel prangte großartig der Titel dieser außergewöhnlichen Lektion: «Die Kuh – ein heimlicher Fleischfresser!». Das Rindvieh bedient sich aus dem eigenen warmen Aquarium des Pansenmagens mit dem leicht verdaulichen Fleisch der Einzeller. Die Zellulose des Grases kann niemals von Verdauungssäften der Säugetiere chemisch aufgeschlossen werden, dazu braucht es die Künste der Bakterien. Und diese sind wiederum das Futter für die sogenannten Panseninfusorien, recht altertümliche Wimpertiere, die ganz ohne Sauerstoff auskommen. Der direkte Einblick in das lebhafte Gewimmel dieser Mikrowelt im warmen und dunkeln Pansenmagen jeder Kuh – aber auch jedes anderen Wiederkäuers – könnte ein Höhepunkt meines Biologieunterrichts werden.

Also gab ich dem Laboranten den Auftrag, im Schlachthof Pansenmageninhalt zu holen und mir fristgerecht in meine Lektion zu bringen. Die Vorbereitungen liefen planmäßig, und ich freute mich im Stillen, meinen Schülern eine eindrückliche Video-Mikro-Demonstration präsentieren zu können.

Eindrücklich ja – aber auf eine ganz andere, überraschende Weise. Der Laborant kam ins Schulzimmer und überreichte mir die gewünschte Thermosflasche mit dem Pansenmageninhalt. Natürlich war eine Thermosflasche genau das richtige Gefäß, denn der Mageninhalt sollte auf dem Weg vom Schlachthof zur Schule möglichst wenig abkühlen. Das Gewimmel würde mit jedem verlorenen Wärmegrad empfindlich erlahmen.

Ich nahm die Thermosflasche entgegen, bedankte mich beim Laboranten und schickte mich an, das Präparat herzustellen … und da, … da plötzlich, … da passierte es. Wie grausam. Die lebendige Magensauce der Kuh stand unter Überdruck und spritzte mir voll ins Gesicht. Man stelle sich lebhaft die Reaktion des jungen Publikums vor. Das Spektakel war geglückt, aber auf eine ganz andere Art und Weise, als ich mir das vorgestellt hatte.

In einem Milliliter Panseninhalt wurden 10 Milliarden, also 10 000 000 000 Bakterien und rund eine Million Wimpertiere in 30 bis 50 Arten gezählt.

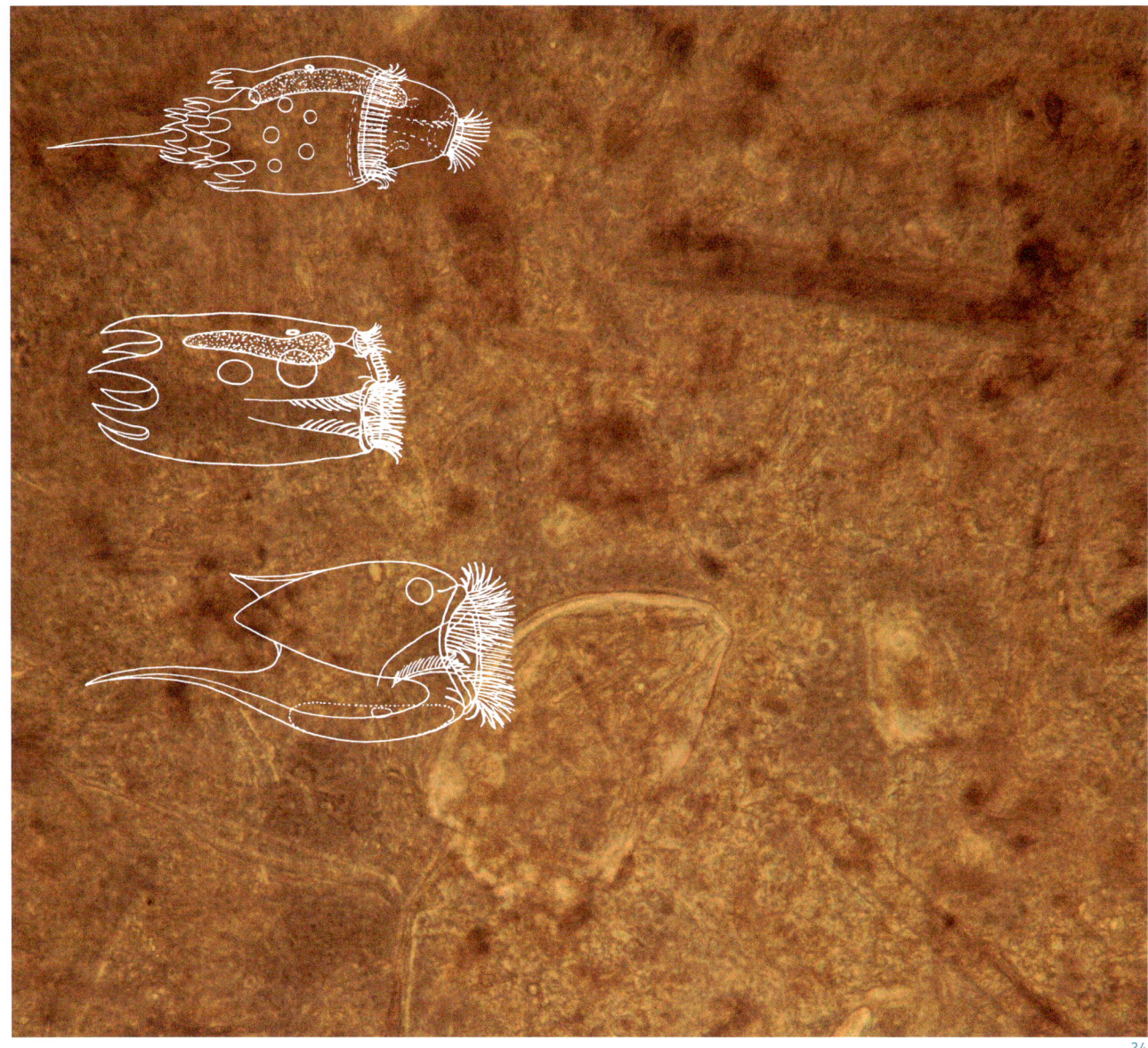

24

Hat man aber einmal für die Mikrowelt Feuer gefangen, dann erlischt dieses feu sacré nicht so bald wieder. Also wechselte ich nach diesem spektakulären Zwischenfall vom Pansenmagen der Kuh auf denjenigen von Termiten und besorgte mir von der Universität Bern, wo mit diesen Tieren geforscht wird, eine Termitenzucht.

Auch Termiten leben ja nur von Zellulose. Sie fressen zwar kein Gras, aber Holz, was im Prinzip fast dasselbe ist. Auch in ihrem Darm wimmelt es nur so von Bakterien und interessanten Einzellern. Der Wechsel hatte nur Vorteile: Die Insekten sind keine Warmblüter. Ihr Pansenin-halt erzeugt beim Transport keinen Überdruck von stinkenden Gärungsgasen. Die kleine Menge aus dem Darm einer Termitenarbeiterin reicht für ein Mikropräparat längstens aus. Das Präparat ist nicht abkühlungsempfind-lich und bleibt stundenlang einwandfrei aktiv für die Beobachtung am Bildschirm. Es lebe die pflegeleichte Mikrowelt im Pansenmagen der Termiten, und es zünde, brenne und leuchte das Begeisterungsfeuer für Mikro-Abenteuer.

24 Pansenmageninhalt einer Kuh; Wimpertiere aus dem Wiederkäuermagen von Rind und Schaf

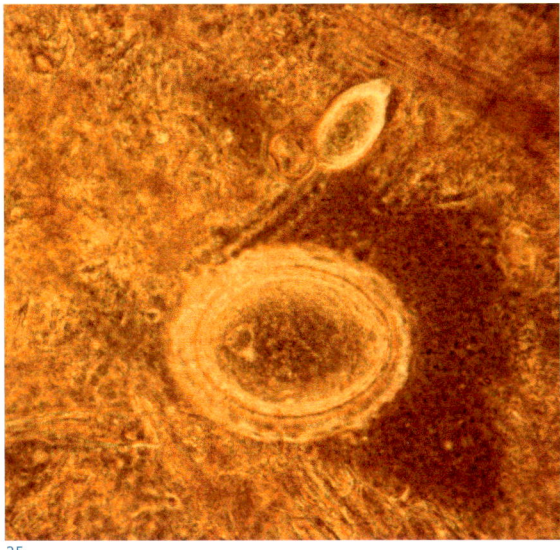

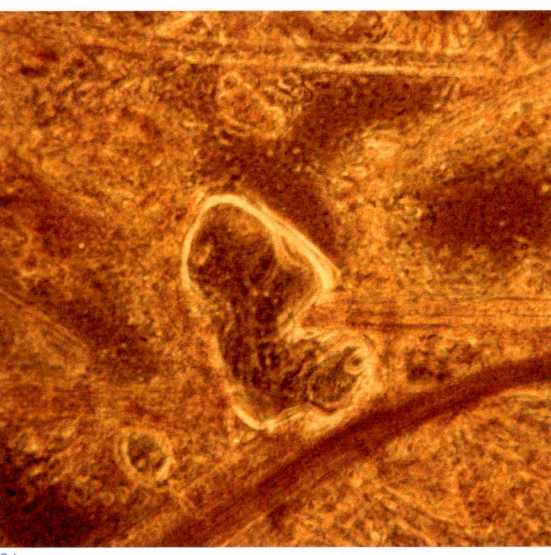

25

26

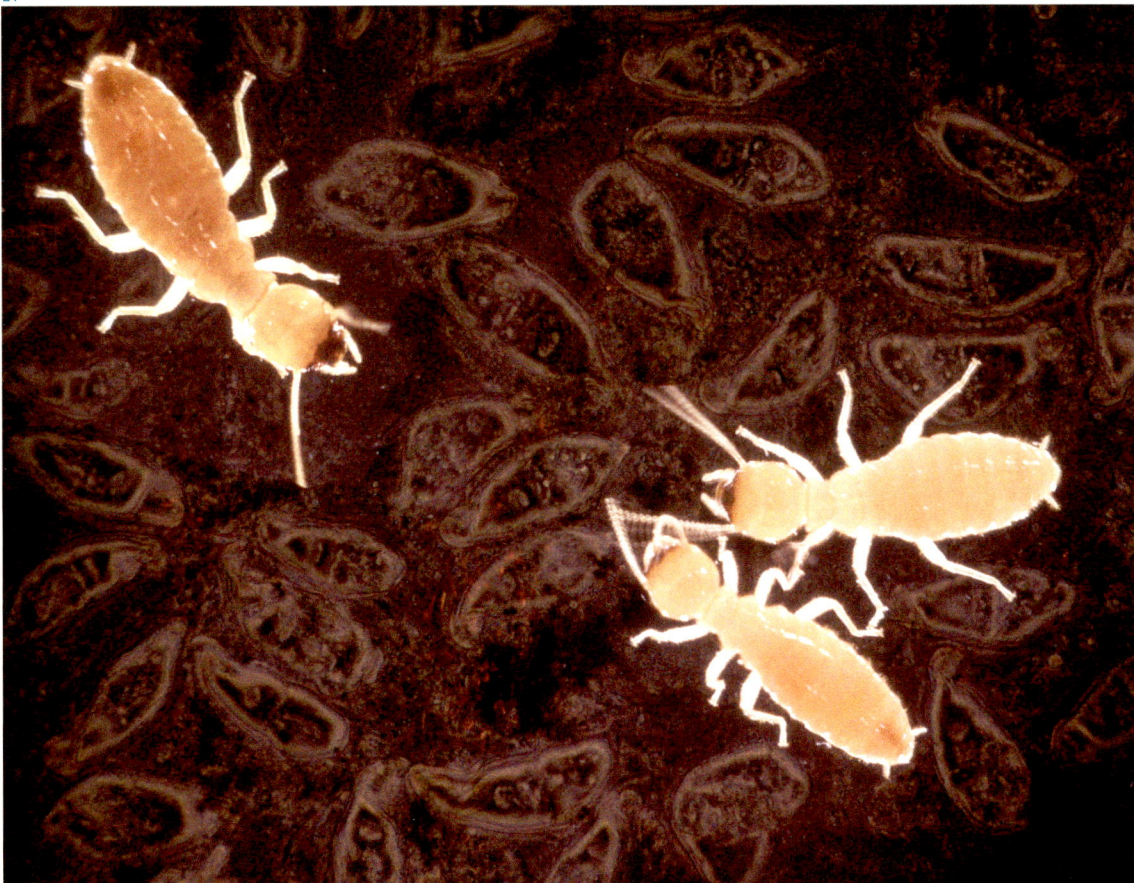

27

25–26 Panseninfusorien aus dem
Wiederkäuermagen einer
Kuh

27 Termiten mit ihren Panseninfusorien

Mikrowelten überall

Was das Vorkommen von Mikroorganismen in ausgefallenen Lebensräumen betrifft, erleben wir in letzter Zeit immer neue Überraschungen. Die sogenannten Extremliebhaber, die Extremophilen, sind zur Hauptsache Mikroorganismen.

Im Marianengraben, dem tiefsten Punkt des Pazifiks, entdeckten japanische Forscher im Sediment eine unerwartet hohe Anzahl verschiedener Hefen und Bakterien, darunter auch Escherichia coli, unser Darmbakterium.

1980 war man überzeugt, dass Leben nur bis 7 Meter unter dem Meeresboden vorkomme. Inzwischen sind noch 750 Meter tiefer unten lebende Mikroorganismen entdeckt worden. In den Beaverhead Mountains im amerikanischen Bundesstaat Idaho fanden Biologen in 200 Meter tiefen Bohrlöchern bei 60° C ein Ökosystem mit Archaebakterien. Dieses existiert seit 3 bis 4 Milliarden Jahren und entstand, als die Ozeane noch heiß waren. Ohne Licht, Sauerstoff und organische Nahrung, einzig von Wasser und Gestein mussten sich diese Pioniere ernährt haben.

Man schätzt die Tiefen-Biosphäre auf 10 Prozent der gesamten Biomasse unseres Planeten.

Die Limnologin Brigit Sattler entdeckte in der körnigen Winterdecke des 2400 Meter hoch gelegenen Gossenköllesees, südwestlich von Innsbruck, ein Ökosystem mit vielen Riesenbakterien, wenigen Wimpertieren und Flagellaten. Dadurch angeregt, fanden Antarktisforscher unter der Forschungsstation Vostok in einem Milliliter Eiswasser aus 3500 Meter Tiefe bis zu 36 000 Mikroben, diesmal aber nicht archaische. Aber nicht nur das Meer, auch die Wolken sind Ökosysteme für Mikroorganismen. Mikrowelten sind wirklich überall vorhanden.

Wie viele Mikroorganismen gibt es?

Um es gleich vorwegzunehmen, wir wissen es noch nicht. Aber sicher ist, dass die bisher entdeckten und beschriebenen Mikroorganismen nur eine verschwindende Minderheit darstellen. Das Missverhältnis zwischen den bekannten und unbekannten Arten ist am größten bei den Bakterien, auch Kernlose oder Prokaryoten genannt. Diese sind die kleinsten und nützlichsten, aber zugleich auch die gefährlichsten aller Lebewesen. Man bedenke, dass diese Einzeller die ersten zwei Drittel der Lebensgeschichte auf unserem Planeten ganz alleine bestimmt haben. Nach vorsichtigen Schätzungen sind die bis heute erforschten 4000 Bakterienarten erst ein Prozent oder noch weniger aller existierenden Arten.

Aber halt, da kann ja wohl etwas nicht stimmen! Woher wollen die Wissenschaftler überhaupt wissen, wie viele Bakterienarten es auf der Erde gibt, wenn sie von 99 Prozent noch nichts wissen? Nichts wissen heißt ja auch, nicht wissen, ob es sie überhaupt gibt.

Die Überlegung stimmt und wäre auch richtig, wenn nicht Stephan Giovannoni und David Ward 1990 einen gentechnologischen Trick ausgeheckt hätten, der es erlaubt, den Umfang der mikrobiellen Vielfalt abzuschätzen.

Vom Reich der Kernlosen kennen wir noch nicht einmal ein Prozent.

Sie extrahierten aus einer Bodenprobe sämtliche chemischen Bruchstücke, welche von Bakterien stammen mussten. Dann fokussierten sie auf das vorhandene Erbmaterial und schließlich auf jene Gene, welche für die Bildung einer kleinen Untereinheit der zellulären Eiweißfabriken, der sogenannten Ribosomen, verantwortlich sind. Der genetische Fingerabdruck der vielen unbekannten Bakterien ist das Gen für die 16S ribosomale Ribonukleinsäure, die sogenannte 16SrRNS. Die Gene für Ribosomen sind so konstant wie die Arten, zu denen sie gehören. Sie verraten zuverlässig das Vorkommen der Bakterien und sogar ihre Verwandtschaft.

Infolge dieser Entdeckung explodierte der Prokaryoten-Stammbaum förmlich zu einem wilden Gestrüpp. Es entstanden zwei ebenbürtige Reiche, die eigentlichen Bakteria und die neu entdeckten Archaea. Von den 99 Prozent unbekannter Bakterienarten kennen wir erst den genetischen Fingerabdruck, sonst gar nichts.

Für eine gute Schätzung müssen aber nicht nur Boden- und Schlammproben berücksichtigt werden. Im Darmtrakt unzähliger Pflanzenfresser und Bluttrinker wimmelt es nur so von Bakterien. Es sind die symbiotischen Verdauungshelfer, auf welche die Wirte ebenso angewiesen sind wie wir Menschen auf unsere Urbakterien in Form der Mitochondrien. Bei Tiefseebewohnern sind auch Leuchtbakterien als Symbionten weit verbreitet.

28

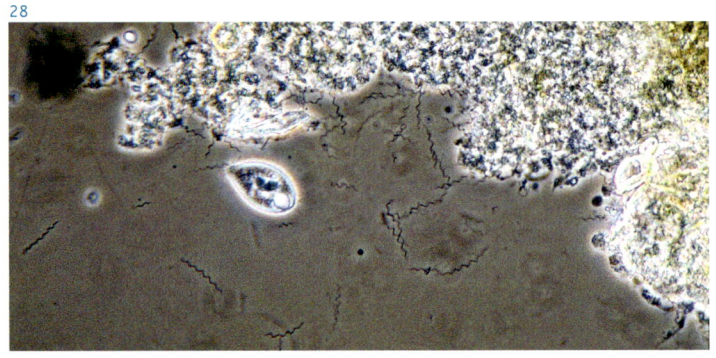

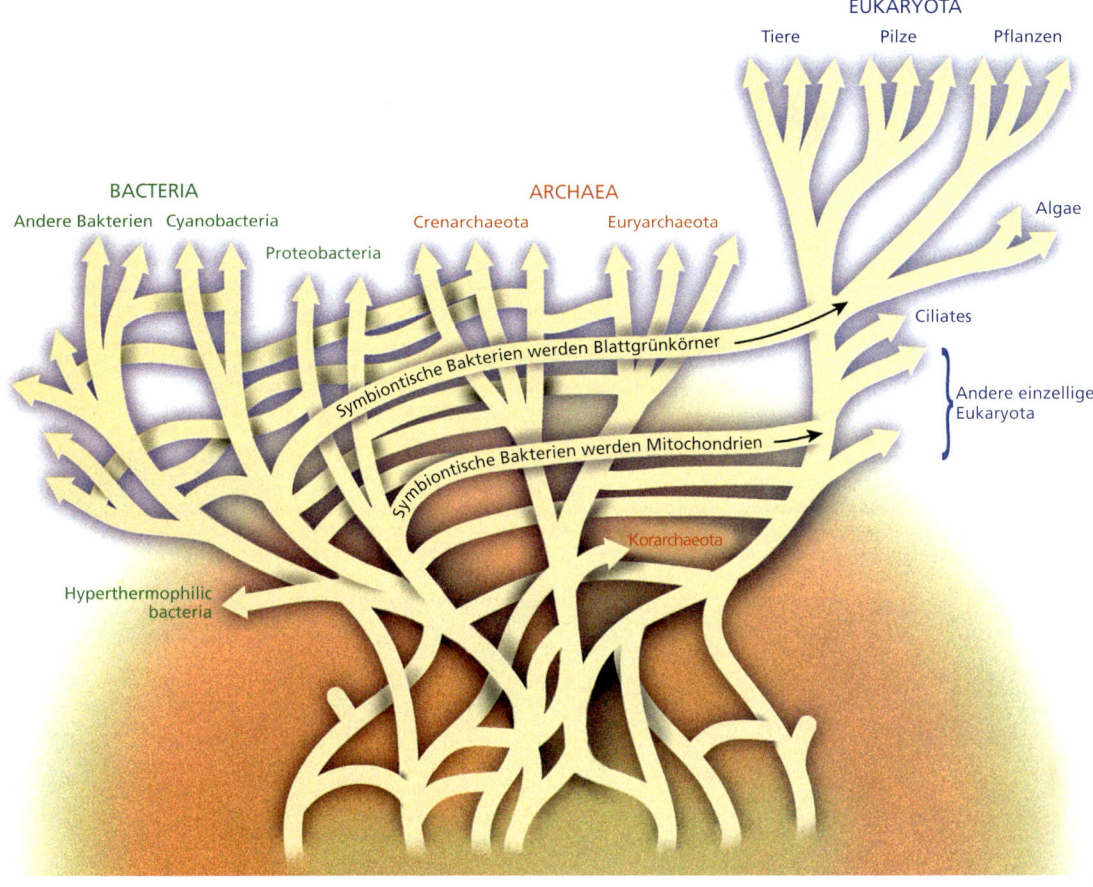

EUKARYOTA

Tiere   Pilze   Pflanzen

BACTERIA

Andere Bakterien   Cyanobacteria

Proteobacteria

Algae

ARCHAEA

Crenarchaeota   Euryarchaeota

Ciliates

Symbiontische Bakterien werden Blattgrünkörner

Andere einzellige Eukaryota

Symbiontische Bakterien werden Mitochondrien

Korarchaeota

Hyperthermophilic bacteria

29

Die meisten Tierarten sind Insekten. Von ihnen wurden bis heute rund eine Million Spezies beschrieben. Man schätzt, dass diese Zahl rund zwölf Prozent aller vorkommenden Arten entspricht. Wird bei zehn Prozent aller erfassten Insekten ein symbiotisches arteigenes Bakterium angenommen, müsste die Artenzahl der Bakterien um den Faktor 100000 nach oben korrigiert werden.

Die Zahl der wissenschaftlich erfassten kernhaltigen Einzeller wird mit 38000 angegeben. Davon sind 20000 Protozoa und die restlichen 18000 Protophyta. Ganz wenige davon finden sich hier in diesem Buch abgebildet. Früher hätte man die -zoa zu den Tieren, die -phyta zu den Pflanzen gezählt. Heute sind Tiere und Pflanzen definitionsgemäß immer mehrzellig.

Je kleiner die Organismen, umso weniger sind sie bekannt.

Die großen Mehrzeller sind besser bekannt. Der Prozentsatz der erforschten Arten beträgt: Pflanzen 84%, Pilze 5%, Amphibien 100%, Reptilien 91%, Vögel 98% und Säuger 96%.

Wenn wir außer der Artenvielfalt auch die Individuenzahl mitberücksichtigen und vergleichen, dann bilden die unsichtbaren Mikroorganismen auf unserer begrenzten Erde eine eindrucksvolle Mehrheit.

Bereits vor 2,5 bis 2 Milliarden Jahren verwandelten sie die aus heutiger Sicht giftige, sauerstofflose Atmosphäre in eine sauerstoffhaltige und beeinflussten damit die gesamte Evolution.

Wie viele Mikroorganismen gibt es nun? Niemand weiß es.

28   Korkenzieherbakterien

29   Komplexitätsstrom des Lebens. Die Metapher «Stammbaum» ist inzwischen veraltet. Es gibt keine Bäume, bei denen getrennte Zweige wieder zusammenwachsen.

Wachsen,
bewegen und vermehren

1

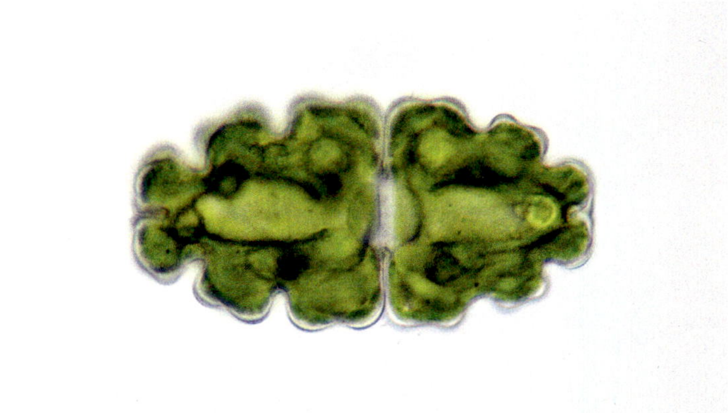

2

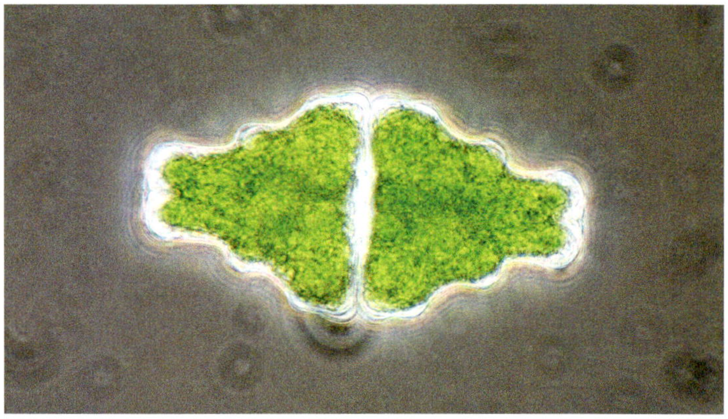

3

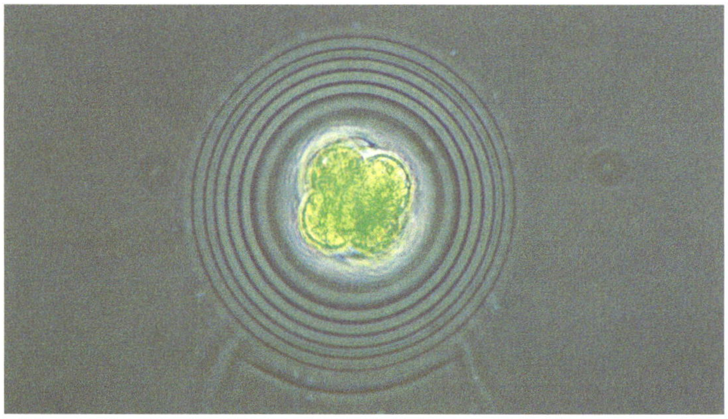

4

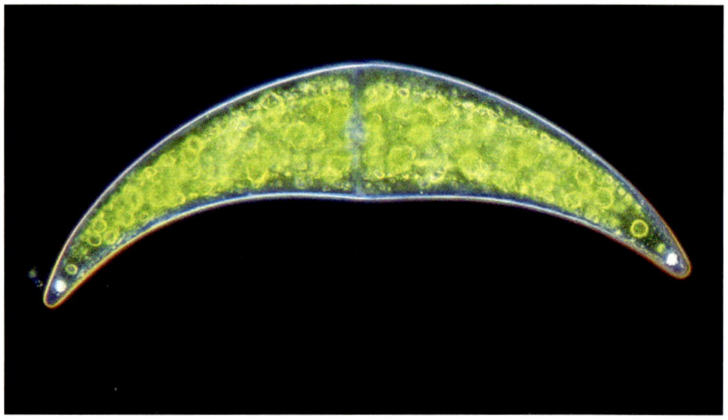

5

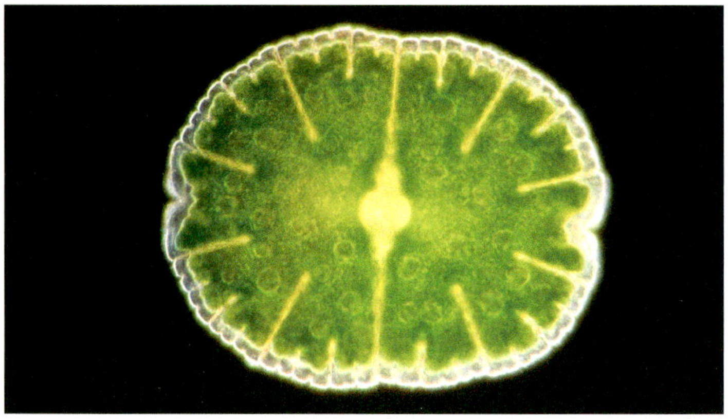

6

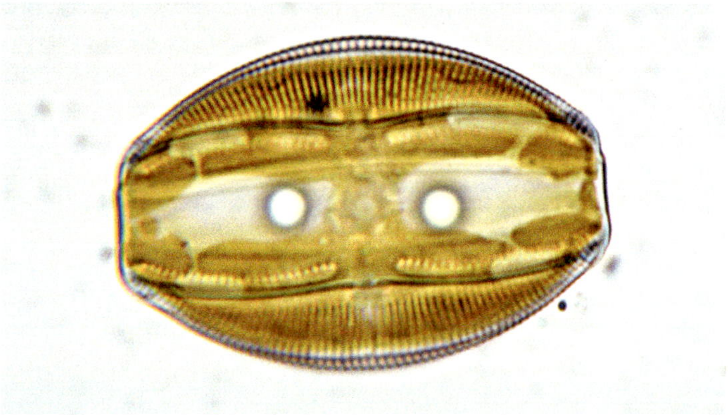

Born to sleep in the sun

Wovon leben wir? Womit werden wir in Schwung gehalten? Welches ist der Betriebsstoff für den Unterhalt unseres Lebens? Das sind Fragen, die sich schon ein kleines Kind stellt und die es auch bald einmal einleuchtend selbst beantworten kann. Wir müssen essen und trinken. Dies gilt auch für alle Tiere.

Wie aber steht es bei den Pflanzen? Wovon ernähren sich Bäume, Blumen, Gräser und Moose?

Sonne, Erde, Luft und Wasser halten sie in Schwung. Man nennt diese Ernährungsweise autotroph, das heißt sich selbst ernährend, genauer photoautotroph, das heißt sich selbst ernährend mit Licht. Die meisten dieser Organismen sind grün.

Das Gegenteil ist heterotroph. Alle Organismen, welche feste Nahrung konsumieren, also komplizierte, energiereiche Moleküle zerlegen müssen, sind heterotroph.

Kieselalgen, grüne Flagellaten, Grün- und Braunalgen sind photoautotroph. Aber im Gegensatz zu den höheren Pflanzen benötigen die Mikroalgen keinen festen Untergrund. Sie treiben passiv in den lichtdurchfluteten oberen Schichten der Tümpel, Seen und Meere. Dort werden sie, zusammen mit den Bakterien, auch zur begehrten Nahrung von Strudlern oder größeren Tieren. Und diese sind wiederum das Futter für Jäger und Räuber. Die energiegeladenen Moleküle gelangen auf verschlungenen Wegen von den kleinsten Bakterien bis in unsere Nahrung. Der Ökologe spricht vom Nahrungsnetz.

Grüne Mikroorganismen haben weniger Ernährungssorgen als farblose, denn Licht ist meistens vorhanden. Sie können es sich leisten, ihre Zellen in widerstandsfähige, starre Zelluloseschachteln einzupacken und so auch gut zu schützen. Eine zarte und verletzliche Haut, wie sie die beweglichen Amöben oder Wimpertiere haben, ist für viele Algen kein Thema. Licht einzufangen erfordert nur eine geringe Beweglichkeit. Es

Sie müssen nicht jagen und töten, weder ernten noch emden, ihnen genügt es, sich dem Licht zuzuwenden.

genügt, den Sonnenkollektor in den richtigen Winkel zum einfallenden Licht zu stellen, das ist alles.

Was aber, wenn eine winzige Grünalge in die dunklere Tiefenzone des Gewässers absinkt, wo wenig oder gar kein Licht hinkommt? Dann behält sie das Stoffwechselgas Sauerstoff im Körper zurück, oder sie legt sich die Nahrungsreserve als Fetttröpfchen an, und schon wird sie ganz von selbst wieder hochgezogen.

Natürlich wäre es auch praktisch, mit einem flinken Tier wieder ans Licht transportiert zu werden. Und tatsächlich, wer sich in der Mikrowelt umschaut, stellt gelegentlich fest, dass recht viele bewegliche kleine

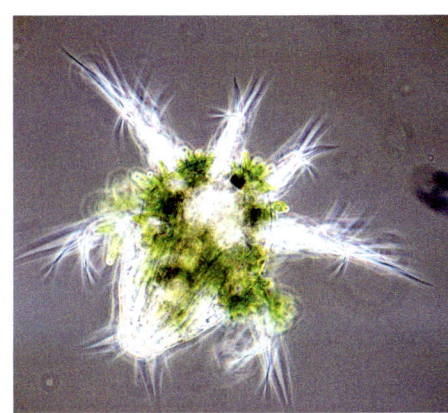

Tiere grün gefärbt sind. Ein junger Hüpferling ist zum Beispiel grün dekoriert mit winzigen Urnengrünalgen. Diese Algen schaffen den Transport in die optimale Helligkeit auf dem Panzer einer Naupliuslarve, weil sie einen klebrigen Haftstiel entwickelt haben.

Der grüne Süßwasserpolyp hat mit seinen symbiotischen Algen den globalen Gasaustausch zwischen Tier und Pflanze innerhalb seines Körpers auf kleinstem Raume verwirklicht.

Die weißlichen Süßwasserpolypen ohne Symbionten sind reine Fleischfresser, die sich ihre Nahrung mit gefährlichen Nesselgeschossen angeln müssen. Wenn die grüne Variante, die Hydra viridis, kein Anglerglück hat oder wenn sie in einem sauerstoffarmen Gewässer, jedoch mit genügend Licht lebt, braucht sie sich keine Sorgen zu machen. Sie kann sich kurzerhand in ihrem körpereigenen Treibhaus mit Sauerstoff und Grünalgennahrung bedienen.

Diese Kooperationsmethode scheint sich bei Mikroorganismen bewährt zu haben. Man findet sie bei Amöben, Sonnen- und Wimpertieren, aber auch bei Augentierflagellaten und Strudelwürmern. Im Meer leben nach dieser Methode viele Korallen und die bis zentimetergroßen einzelligen Kammerlinge.

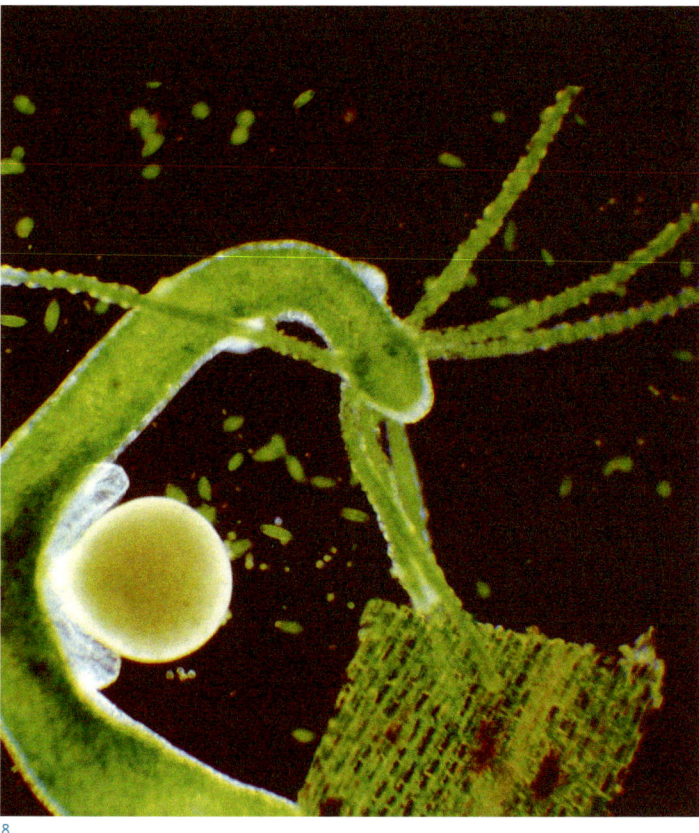

8

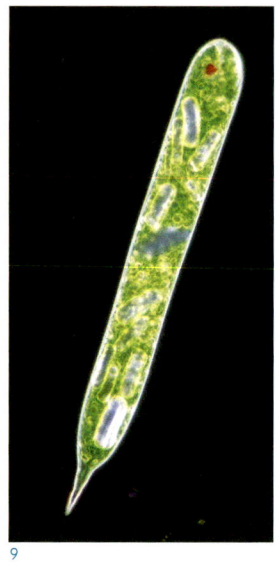

9

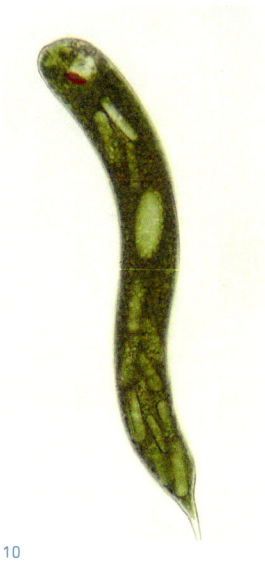

10

8   Grüner Süsswaßerpolyp
9–10   Augentier-Flagellaten
11   Grünes Glockentier, Modell
12   Grünes Nadelsonnentier
13   Grüne Birnen-Gehäuse-
       amöbe, Modell
14   Grüner Strudelwurm
15–16 Pilzgeflecht mit Grünalgen
       in einer Flechte

Bei größeren Organismen verliert sich diese Ernährungsart immer mehr. Wahrscheinlich, weil das Sonnenlicht nicht mehr so leicht in dickere Körper eindringen kann. Eine interessante Ausnahme bilden die Flechten, bei denen ein Pilzgeflecht mit Hunderttausenden einzelliger Grünalgen in Symbiose lebt.

Direkt unter der Haut wären grüne Symbionten selbst bei uns Menschen denkbar. Das Verhältnis unserer Oberfläche zum Körpervolumen wäre jedoch im Vergleich zu den Mikroorganismen denkbar ungünstig. Eine photoautotrophe Ernährung in der Haut von grünen Männlein, wie sie in Sciencefictionfilmen vorkommt, würde nicht einmal ausreichen, um den Grundumsatz an Energie für das Kleinhirn bereitzustellen.

Weil das Verhältnis Hautoberfläche zu Körpervolumen beim Größerwerden der Organismen immer un-

Je kleiner ein Organismus ist, desto relativ größer ist seine Oberfläche bezogen auf das Volumen. Das gilt auch für Zuckerkörner. Darum löst sich feinkörniger Zucker rascher auf als Würfelzucker.

günstiger wird, müssen wir in unseren Lungen ja auch die riesige innere Oberfläche von 90 m² unterbringen, um genügend Sauerstoff zu bekommen. Und außerdem benötigen wir einen aufwendigen Blutkreislauf, um diesen Sauerstoff im ganzen Körper zu verteilen.

Die Mikroorganismen besitzen keinen Blutkreislauf, weil die im Wasser gelösten Gasmoleküle aus eigener Kraft ins Zentrum des Körpers vordringen können. Ihr Inneres hat nur kurze Distanzen bis zur Oberfläche, wo der Gasaustausch erfolgt. Die Plattwürmer, zu denen die Strudelwürmer gehören, und die Rundwürmer kommen wie alle kleineren Vorfahren noch ohne ein Blutsystem aus.

Die ersten Tiere in der Evolutionsgeschichte, welche einen Blutkreislauf haben, sind die relativ großen Ringelwürmer, zu denen auch der Regenwurm gehört. Es ist ein Größen- und Transportproblem!

11

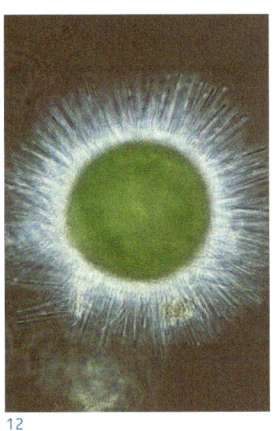
12

13

14

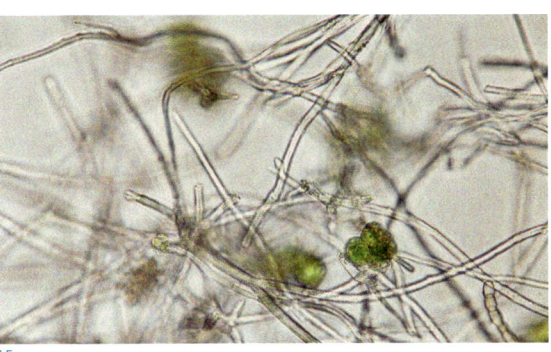
15

16

Ein kleines Dorf wie Seldwyla braucht aus diesem Grund auch keine Untergrundbahn. Der Verkehr spielt sich noch zu Fuß ab.

Sonnenlicht ist heute mit Abstand die wichtigste Energiequelle für Nahrung aller Art. Ohne Sonne kein Leben. Doch es hat sich herausgestellt, dass das Sonnenlicht alleine ohne die Mithilfe gewisser Mikroorganismen das Leben nicht garantieren kann. Jedes Lebewesen braucht organische Moleküle, welche Stickstoff enthalten.

Nun leben wir zwar in einem Meer von Stickstoff, unsere Luft enthält davon fast 80 Prozent, jedoch in anorganischer Form. Diese kann nur von ganz bestimmten Bakterien genutzt werden. Sie wandeln den anorganischen Luftstickstoff in eine organische Form um, die dann anderen Lebewesen zur Verfügung steht, dabei arbeiten sie meistens mit Symbionten zusammen. Bekannt dafür sind die Knöllchenbakterien in den Wurzeln von Schmetterlingsblütlern. Aber auch Kieselalgen, gewisse Flechtenpilze,

Sonnenlicht alleine genügt nicht.

Termiten und Pfahlwürmer leben in Symbiose mit diesen Leben spendenden Stickstoffspezialisten.

Man erkennt daran deutlich, dass wir Menschen als ein Bestandteil der gesamten Biosphäre auf das breite Fundament der unsichtbaren Mikroorganismen bedingungslos angewiesen sind. Und wir haben noch nicht einmal berücksichtigt, dass seit Anbeginn der Evolution ein Heer von Mikroorganismen nur davon lebt, abgestorbene Lebewesen wieder in Rohstoffe umzuwandeln. Zu diesen Recyclingarbeitern gehören unbekannte Bakterienarten, sämtliche Pilze, aber auch viele Würmer und Insektenlarven. Im Mikrokosmos sind alle Humus- und Schlammbewohner mit dieser nützlichen Arbeit betraut. Ohne diese Abfallfresser wären die Rohstoffe für den Selbstaufbau des Lebens schon längst versiegt.

Das verflixte Geheimnis der schönen Zieralge

Eine Zieralge ist eine Zier. Das Bild einer Zieralge in Teilung ist nicht nur für Kenner ein Kunstgenuss. Eine eigene Farbdiaserie mit der Joch- oder Zieralge Micrasterias rotata zu besitzen ist deshalb ein verständlicher Wunsch vieler fotografierender Mikroskopiker. Dies wurde auch für mich eines Tages zur unumgänglichen Herausforderung. Nachdem ich in einem Hochmoortümpel eine recht dichte Population dieses Stars angetroffen hatte, machte ich mich ans Werk.

Mit Geduld und Ausdauer suchte ich unter der Binokularlupe nach Zellteilungsstadien und nach Symmetrisierungen dieser dekorativen Jochalge. Es sollte doch nicht besonders schwierig sein, eine Figur mit doppelter Symmetrie aufzuspüren, denn die Alge selbst erfährt durch ihre Teilung noch eine zusätzliche Auffälligkeit, und solche optischen Signale fallen bei Suchaktionen auf. Unser Auge ist im Zusammenspiel mit dem Gehirn für ausgewogene geometrische Figuren besonders ansprechbar.

Die einzige kleine Schwierigkeit bestand darin, dass einige der scheibchenförmigen Algen sich hochkant präsentierten. Diese kippte ich mit meinem spitzelastischen Feingriffel sanft zur Seite und konnte dabei sofort erkennen, ob es sich um eines der gesuchten Teilungsexemplare handelte. Ich suchte mindestens zwei bis drei Stunden, doch ich hatte Pech. Ich fand überhaupt nichts und konnte es kaum glauben.

Drei Tage später nahm ich einen neuen Anlauf. Hie und da entdeckte ich dicht nebeneinander zwei Algenscheibchen und nahm an, dass sie kurz zuvor durch Teilung aus einer Alge hervorgegangen waren. Aber ein deutliches, schönes Teilungsstadium fand ich trotz meiner Ausdauer nie. Mir war das Ganze äußerst rätselhaft. Meine Micrasterias-Kultur gedieh glänzend und war inzwischen schon recht dicht

Die Zieralge Micrasterias rotata teilt sich nur mitten in der Nacht.

Praktisch alle kernhaltigen Ein- und Mehrzeller und selbst die Cyanobakterien haben angeborene biologische Uhren.

bestückt. Da konnte doch etwas nicht mit rechten Dingen zugehen.

Ich begann zu überlegen. Wo konnte der Fehler liegen? Wahrscheinlich bei mir. Bisher hatte ich nur tagsüber, weder besonders früh morgens, noch spät abends gesucht. Vielleicht sollte ich meine Beobachtungen in die späten Nachtstunden verlegen. Und tatsächlich, gegen halb zwölf Uhr nachts fand ich mein erstes Teilungsstadium der Micrasterias rotata. Nach so langem Warten empfand ich natürlich besondere Freude. Mein Puls schlug schneller, und der ratschende Verschluss meiner alten Hasselblad weckte beinahe meinen Nachbarn in der Wohnung nebenan. Nun begann sich der Schleier um das Geheimnis meiner Zieralge zu lüften. Es wurde eine aufregende und ereignisreiche Nacht mit wertvoller fotografischer Ausbeute.

Die zierlichen Algenschönheiten scheinen eine eingebaute Uhr zu haben und wissen ihre Zellteilungsphase im Dunkel der Nacht vor neugierigen Blicken zu schützen. Doch mein Entdeckungsabenteuer war noch nicht zu Ende. Eine weitere Überraschung ganz anderer Art folgte eine Woche später.

Im Spektrumbuch «Biologische Uhren» von Arthur T. Winfree stieß ich auf folgenden Text: «Zu den ersten Organismen, die uns etwas über biologische Uhren verrieten, gehört ein einzelliger, frei schwimmender Dino- oder Panzerflagellat mit dem merkwürdigen Namen Gonyaulax polyedra. Vor der Kalifornischen Küste lebt er, ist rotbraun und besitzt Chlorophyll sowie weitere Pigmente, mit denen er tagsüber das Sonnenlicht nutzt.» Und dann las ich erstaunt: «Pünktlich nach dem Eindunkeln sendet er bei mechanischer Störung schwache blaue Lichtblitze aus. Nachts geht er ganz anderen

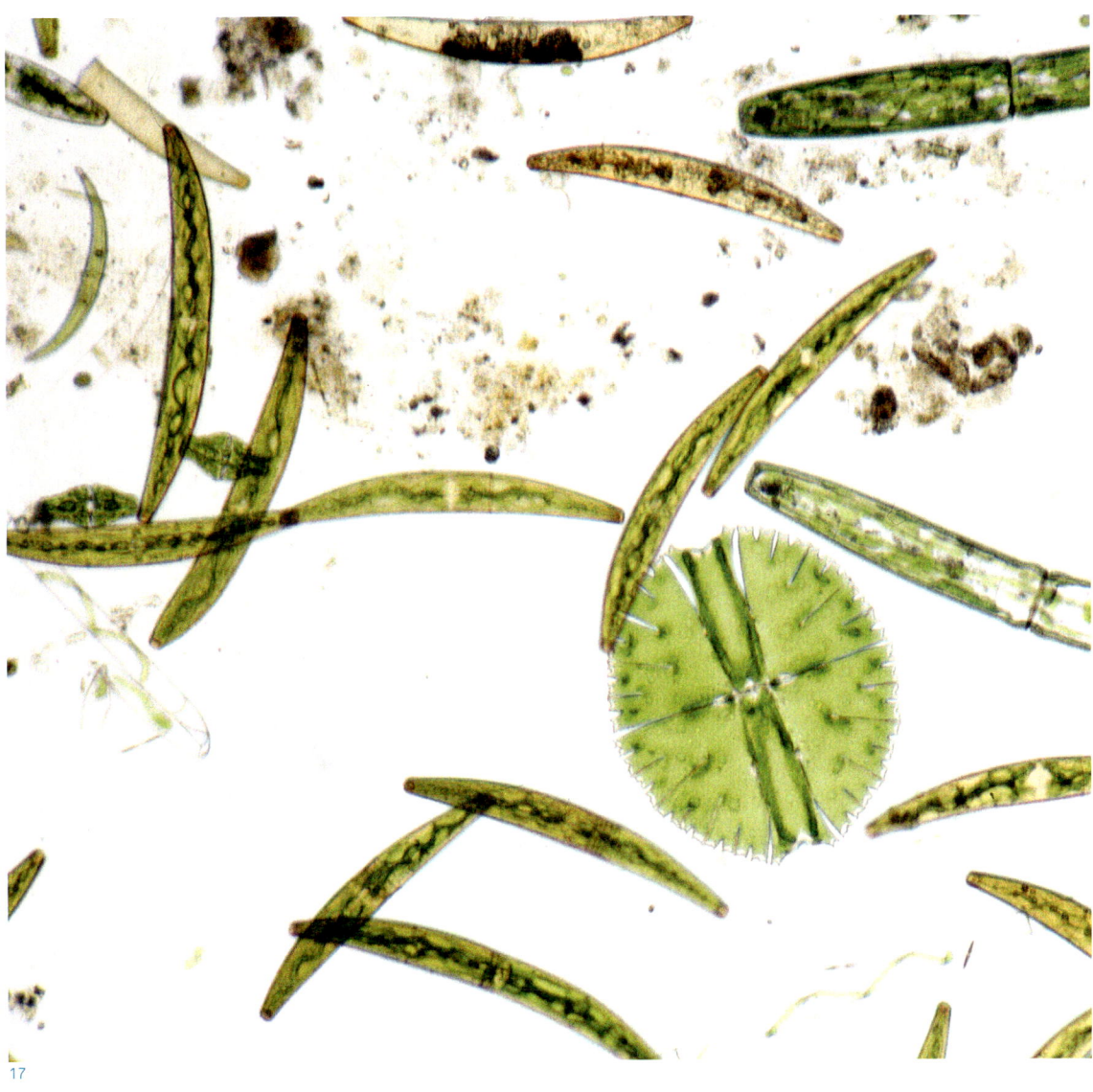

17

Stoffwechselgeschäften nach als tagsüber, zum Beispiel auch der Vermehrung durch Teilung.»

Meine mühsam erarbeitete Entdeckung, auf die ich schon etwas stolz war, entpuppte sich nur als eine Bestä-tigung. Sie besteht darin, dass viele fotosynthetisch ak-tive Organismen tagsüber ihre Kräfte auf das Einfangen und Verwerten des Lichts konzentrieren. Andere Akti-vitäten, wie zum Beispiel die Zellteilung, verschieben

17 Hochmoor-Lebensgemein-
schaft mit verschiedenen
Joch- oder Zieralgen

sie in die Nachtstunden. Zieralgen teilen sich innerhalb von 24 Stunden nie mehr als einmal. Kieselalgen dagegen können sich viel schneller vermehren. Sie haben keinen strengen Zeitplan für ihre Zellteilung.

Man erkennt eine biologische Zeitmesseinrichtung daran, dass sie auch ohne äußere Taktgeber wie Sonnenlicht oder Temperatur, ja selbst im Weltraum mehr oder weniger genau fortbesteht. Die frei laufenden Zeitperioden schwanken zwischen 21 und 27 Stunden. Die Experten sprechen von circadianen Rhythmen. In diesem Wort steckt der Ausdruck circa = ungefähr und das Wort dies = Tag. Inzwischen ist das universelle chemische Uhrwerk am Genom der Fruchtfliege Drosophila entschlüsselt worden. Es stützt sich auf ein rhythmisches Aktivitätsmuster mit zwei Rückkopplungsschleifen, an denen nur je zwei Gene beteiligt sind.

Die innere Uhr erlaubt vielen Organismen eine nützliche Vorausschau auf künftige Anforderungen. Man denke zum Beispiel an die Blütenpflanzen oder an den herbstlichen Blätterfall. Die Eintagsfliegenlarven im Wasser wissen ganz genau, wann für sie der große Hochzeitstag anbricht und sie in die Luft wechseln müssen. Unter den Mikroorganismen gibt es welche, die sich im Uferbereich des Meeres rechtzeitig in den Sand zurückziehen, um nicht mit der Flut fortgespült zu werden. Einige Pantoffeltierarten haben eine zeitlich gesteuerte Paarungsbereitschaft, welche ihnen hilft, die Paarung mit engen Verwandten zu vermeiden. Inzucht ist schon auf der Einzellerstufe nicht erwünscht.

18—23 Micrasterias rotata in verschiedenen Teilungsstadien
24—25 Malteserkreuzalge in Teilung

Zähflüssige Umgebung

Die ersten Lebewesen auf unserem Planeten waren klein und bestanden nur aus einer einzigen Zelle. Dies ist ein entscheidender Unterschied zu uns Menschen. Der erwachsene Mensch besitzt rund 100 Billionen Zellen. Wir sind Riesen, die Pioniere des Lebens waren winzige Zwerge. Welch ein gewaltiger Unterschied zwischen diesen beiden Organismen! Man bedenke, dass auch das kleinste Lebewesen sich ernährt, heranwächst und sich vermehrt. Es erkundet die Umwelt nach Nutzen und Gefahren, es wehrt und schützt sich nach seinen Möglichkeiten, aber es kann auch erkranken, von Parasiten befallen oder gefressen werden. Alle Lebewesen besitzen Informationen über sich und ihre Umwelt.

Wie erlebt ein Bakterium wohl das Wasser, welches seinen kleinen Körper umgibt? Wir massigen Riesen sind von Luft umgeben, die unser Körper kaum als ein Hindernis empfindet. Luft lässt sich ja leicht verschieben und zusammendrücken. Die meisten Mikroorganismen sind von Wasser umspült. Wasser hat eine größere Dichte als Luft. Die Dichte ist auch ein Maß für Trägheit. Wasser ist zwar ebenfalls relativ leicht verschiebbar, aber es lässt sich kaum komprimieren. Das spüren wir am wachsenden Widerstand, wenn wir versuchen, im Wasser zu waten. Das Gewicht unseres Körpers wird im Wasser beinahe aufgehoben. Die Masse, das heißt die Materialmenge unseres Körpers, dagegen bleibt gleich. Je kleiner ein sich im Wasser bewegender Organismus ist, desto zähflüssiger empfindet er seine Umgebung. Der Physiker spricht von Viskosität. Die Abnahme der Masse im Verhältnis zur Beweglichkeit der Wasser-

Die Strömung im Wasser zeigt in den kleinsten Dimensionen unerwartete Auswirkungen.

umgebung schafft für alle Mikroorganismen Probleme, von denen wir keine Vorstellung haben. Für ein krank machendes Bakterium ist das Blutserum zähflüssig wie Honig. Der Lungenschleim hätte gar eine Viskosität, die man mit Pudding oder Schlamm vergleichen müsste.

Nun wollen wir den kleinen Organismus in seiner zähen Umgebung bewegen. Bei diesem Unterfangen beobachtet der Biophysiker eine weitere Besonderheit. Hinter dem kleinen Körper entstehen in diesen winzigen Dimensionen nie Wasserwirbel, egal welche Form der Körper besitzt.

Wirbel entstehen hinter einem bewegten Objekt immer nur dann, wenn die Geschwindigkeit so groß geworden ist, dass die Umgebungsteilchen eine geforderte Richtungsänderung bei der Umströmung des Objekts nicht mehr mitmachen können. Dann reißt die sogenannte laminare Strömung ab und es entstehen Wirbel, welche den Widerstand schlagartig weiter erhöhen. Wäre ein schnell schwimmendes Bakterium stromlinienförmig, könnte es dadurch keinerlei Vorteile erhoffen. Alle Bakterienformen bestätigen diese Erkenntnis.

Nun stellen wir in Gedanken an einem Unterseeboot den Antrieb brüsk ab. Dann gleitet es infolge seiner Masse noch eine recht große Strecke weiter. Wenn aber der Antrieb eines Bakteriums plötzlich ausfallen würde, gäbe es kein Weitergleiten. Wie der Biophysiker David Dusenbery berichtet, haben Berechnungen ergeben, dass das Bakterium höchstens noch um den millionsten Teil seiner Körperlänge voeankäme.

Folgende Berechnung bringt eine noch deutlichere Einsicht: Wir übertragen in Gedanken die bakteriellen Strömungsverhältnisse auf die menschliche Größe. Dann müsste Luft 11 Zehnerpotenzen zäher sein als Wasser. In dieser Umgebung würden wir von der Schwerkraft der Erde während einer Stunde nur gerade einen Millimeter angezogen. Das Herunterfallen wäre extrem verlangsamt.

Nach dieser biophysikalischen Information gewinnen wir einen neuen Zugang zum Plankton, zur Schwebewelt der Gewässer. Je kleiner ein Planktonorganismus ist, desto langsamer sinkt er in die Tiefe. Er ist in einer Meeresströmung mehr oder weniger gefangen und reist somit passiv rund um den Globus. Allerdings kann er eingekapselt und ausgetrocknet auch als Dauerstadium oder Zyste per Luftpost transportiert werden.

Die meisten frei lebenden Mikroorganismen sind sogenannte Ubiquisten. Ubi-cumque heißt überall, wo immer. Das wusste schon Ehrenberg, wie wir aus seinem Briefwechsel mit Goethe bereits erfahren haben. Verbreitungskarten, wie sie für Pflanzen existieren, würden für Mikroorganismen kaum geografische Unterschiede aufzeigen.

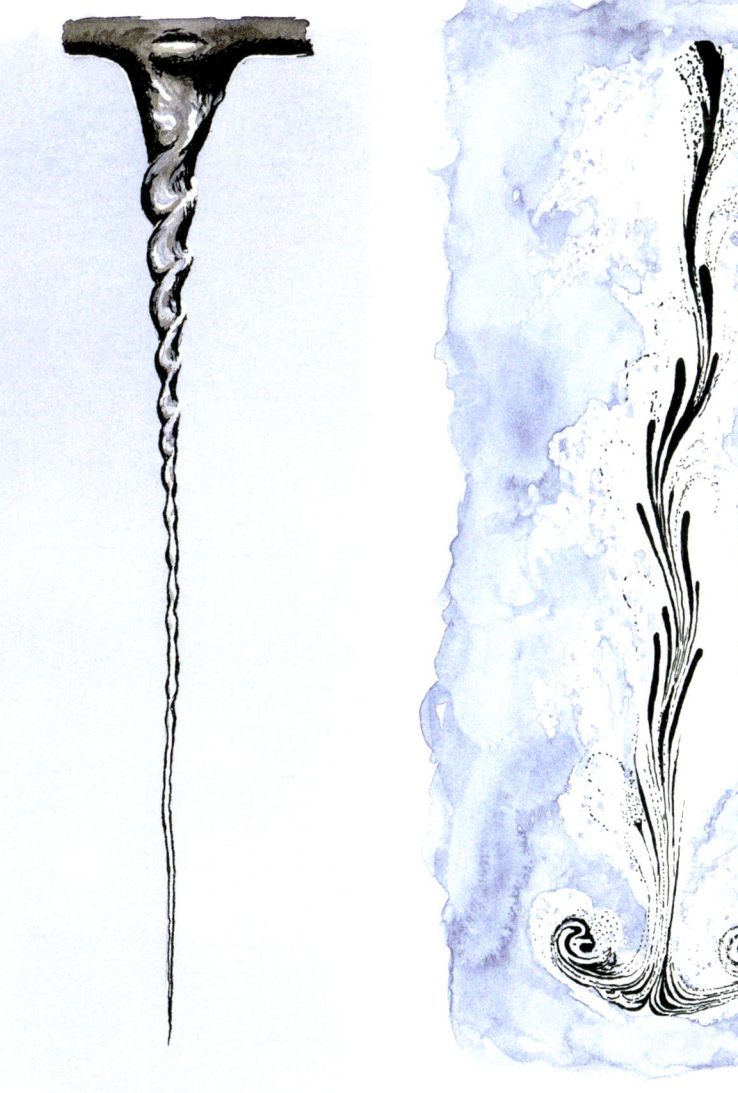

26

27

Schlängelnde Antriebe

Die aktive Fortbewegung frei schwimmender Mikroorganismen wird durch die Zähflüssigkeit ihrer Umgebung massiv erschwert. Würde ein Einzeller versuchen, sich mit Armen oder Flossen fortzubewegen, käme er nicht vom Fleck. Jede Ausholbewegung würde ihn wieder zum Ausgangspunkt zurückstoßen. Ein Weitergleiten nach einem Anstoß gibt es in diesen Dimensionen nicht.

Dieses Problem lösen einige Mikroorganismen, zum Beispiel die höchstentwickelten und schnellsten Bakterien, die Spirochaeten, mit der Veränderung ihrer Körperform. Sie bewegen sich, ganz untergetaucht, ähnlich wie eine schwimmende Schlange. Allerdings ist ihre Schlängelbewegung eher schraubig oder korkenzieherförmig. Sie gleicht auch derjenigen einer Schiffsschraube, jedoch befinden sich ihre rotierenden Antriebe innerhalb des Körpers. Drei parallel verlaufende Bänder sind direkt unter der Zellmembran spiralförmig angeordnet und an ihr verankert. Durch koordinierte Längenveränderung kommt es zur schraubigen Drehung des Zellkörpers. Damit kann sich das Bakterium in einer noch dichteren Umgebung als Wasser effizient fortbewegen. Für Krankheitserreger eine vortreffliche Einrichtung!

Seit 1996 wissen wir aufgrund der Untersuchungen von Howard Berg mehr über jene Geißeln, die als Büschel am Körperende von Bakterien aus der Haut herausragen. Sie entpuppten sich an ihrer Basis als Drehmotoren mit einem oder zwei scheibenförmigen Rädern auf einer Achse.

Es war eine bemerkenswerte Botschaft zu erfahren, dass nicht wir Menschen das Rad erfunden haben. Bereits zwei Milliarden Jahre zuvor haben die Bakterien einen molekularen Motor erfunden, der sogar seinen Drehsinn umkehren kann und mit einer Ionenpumpe angetrieben wird.

Schon vor zwei Milliarden Jahren hat die Natur bei den Bakterien das rotierende Rad auf einer Achse erfunden.

Für eine Radumdrehung wandern etwa 1000 Protonen durch die Zellwand. Dazu benötigen sie 0,01 Sekunden. In einer Sekunde dreht sich das Antriebsrad mit der abgewinkelten, starren Peitschenbasis 300-mal, wodurch das Bakterium rund dreitausendstel Millimeter vorankommt. Der Körper dreht oder schraubt sich gleichzeitig in der Gegenrichtung. Bei einer Umkehr der Drehrichtung wird das hintere Ende des Bakteriums zum Bug. Dort fasern die Einzelflagellen auf und spreizen sich passiv ab, während sich die Filamente am neuen Heck zu einem Bündel zusammenschließen und die neue Antriebsschraube formieren.

Ich weiß nicht recht, was ich mehr bewundern soll, die Experimente der Natur durch Versuch und Irrtum, welche dieses Zellorgan hervorgebracht haben, oder die raffiniert genialen Untersuchungsexperimente der Wissenschaftler, die das alles herausgefunden haben.

Im Gegensatz zu den Prokaryoten besitzen die kernhaltigen Einzeller, die Eukaryoten, zehnmal dickere

28

29

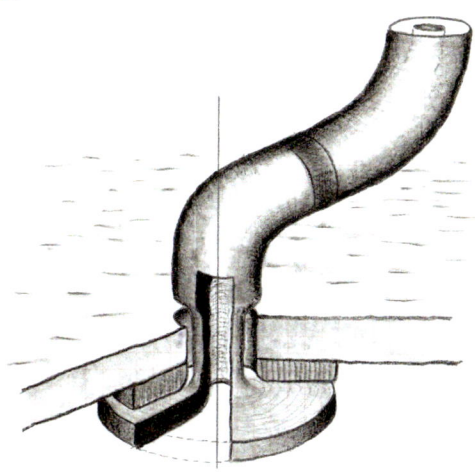

Geißeln ohne Rotationsmotor an der Basis. Die geniale Raderfindung an der Quelle des Lebens war im Evolutionsverlauf chancenlos, weil die Nährstoffversorgung über eine Drehachse grundsätzliche Schwierigkeiten bereitet.

Die schlängelnden ein bis zwei Geißeln der Flagellaten und die unzähligen in Fluren angeordneten Wimpern der höheren Ein- und Mehrzeller sind aktiv bewegte, lebende Beinchen. Undulipodien hat sie Lynn Margulis genannt, was wogende, wallende Füßchen bedeutet, unda = die Woge, podos = der Fuß. Da jedoch der Fuß das Ende des Beines ist und nicht selbst das ganze Fortbewegungsorgan, müsste man die Undulipodien auch wissenschaftlich statt Wellenfüße wohl korrekter Wellenbeine nennen. Doch hier versagen die toten Sprachen, sie haben kein Wort für Bein.

Die Namenswahl bei den schlängelnden Zellorganen ist ohnehin ziemlich verwirrend. Viele Bezeichnungen in der Wissenschaft sind historisch bedingt. Wenn später neue Erkenntnisse gewonnen werden, infolge deren Korrekturen angebracht wären, bleibt es oft beim Alten. So heißen die Rädertiere bis heute noch nicht Kaumagenstrudler, denn sie haben ja keine Räder. Auch die Wasserflöhe haben einen falschen Namen, sie sind ja keine Flöhe, auch wenn sie sich hüpfend fortbewegen. Flöhe sind sechsbeinige Insekten, Wasserflöhe aber sind kleine Krebse.

Auch die übereinstimmende Bezeichnung Geißel sowohl für Bakterien als auch für Geißeltiere ist irreführend. Es stehen sich zwei völlig verschiedene Bautypen gegenüber. Auf der einen Seite die Rotorpeitsche der Bakterien und auf der anderen Seite die dickeren, aktiv bewegten Wellenbeine der kernhaltigen Einzeller. Diese sind beim raschen Niederschlag steif und gerade wie ein Ruder. Danach gelangen sie als flexible Floppy-Ruder langsam wieder in die Ausgangsstellung zurück. Ihre Krümmung erfolgt mit einem Kranz von neun Doppelröhrchen, die sich aktiv gegeneinander verschieben. Dazu braucht es Moleküle, die sich abknicken können und anschließend wieder strecken. Es fällt auf, dass auf der untersten Bewegungsebene bei den Molekülen auch eine Ruderbewegung zu finden ist, wie bei den Wimpern. Eine interessante Parallele.

Dazu noch zwei Zahlen: Der Hüllenflagellat Chlamydomonas schlägt mit seinen zwei gleich langen Geißeln 30-mal pro Sekunde, was an der oberen Grenze liegt. Der Geschwindigkeitsrekord im Vorankommen liegt bei Wimpertieren in der Größenordnung von 2,6 mm pro Sekunde.

Prokaryoten haben Rotorpeitschen, Eukaryoten haben zwei verschiedene Wellenbeintypen, entweder zwei Flagellen oder zahlreiche Cilien.

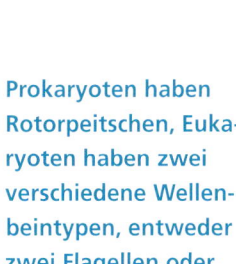

Und zum Schluss noch eine Ergänzung. Die Flagellen können durch steife, abstehende Nanohaare, die Mastigonemen, eine weitere Differenzierung erfahren, eine Art Verbreiterung des Ruderblattes.

Aber man staune, mit den zwei so ausdifferenzierten Geißelbeinchen gelingt es der sesshaften Alge Epipyxis pulchra in ihrem Bechergehäuse ein herbeigestrudeltes Nahrungsteilchen, fast wie mit Fingern, zu stoppen. Sie dreht und prüft es während zwei bis drei Sekunden auf Genießbarkeit, um es entweder wieder freizugeben oder in die Fressgrube zu befördern. Darüber dürfte sich auch ein moderner Nanotechniker wundern.

30

31

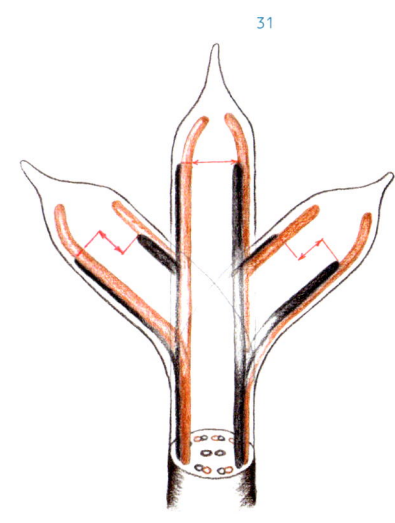

28 Korkenzieherbakterium, Modell

29 Basis einer Rotorpeitsche

30 Schraubiger Herzflagellat

31 Krümmungsmechanik bei Flagellen bzw. Cilien

Klonen oder Sex?

Wie vermehren sich Mikroorganismen? Die Antwort auf diese Frage konfrontiert uns mit weiteren interessanten Andersartigkeiten aus der Mikrowelt.

In letzter Zeit ist oft die Rede vom Klonen. Das erste Säugetier, das durch eine Zellkerntransplantation gezeugt wurde, Dolly the sheep, beschäftigte die Presse weltweit. Inzwischen kommt bereits der erste menschliche Klon zur Sprache. Ethik-Kommissionen werden gegründet und verkünden lautstark: «Es ist ein neuer Typus von biologischer Einheit entstanden, einer der nie zuvor in der Natur existiert hat.» Für meine Ohren tönt eine solche Aussage etwas irreführend, denn bei einzelligen Mikroorganismen ist das Klonen seit Urzeiten die wichtigste Vermehrungsmethode.

Aber auch bei Mehrzellern gibt es das naturgemäße Klonen. Süßwasserpolypen klonen sich selbst durch Knospen. Beim südamerikanischen Gürteltier mit seinen vier oder acht Jungen ist Klonen die Norm. Bei Säugern entstehen eineiige Zwillinge oder Mehrlinge spontan durch Klonung. Ein einziges befruchtetes Ei hat sich identisch vervielfacht und mehrere Nachkommen erzeugt.

Ob ein Erbprogramm sich selbst identisch verdoppelt oder ob es durch Einbringen in eine entkernte Eizelle dazu gebracht wird, macht keinen großen Unterschied. Was die Natur seit Milliarden von Jahren praktiziert, das Klonen, kann der moderne Mensch wohl kaum als seine Neuschöpfung deklarieren. Auch das Pfropfen von Obstbäumen und das Okulieren bei Rosen sind ähnliche Experimente. Aber eben, wenn es um Pflanzen geht, gibt es keine Schlagzeilen.

Im Labor und in der Pharmaindustrie wird das Klonen routinemäßig eingesetzt, um in lebenden Bakterien ausgewählte Gene zu vermehren. Auf diese Weise produziert man das menschliche Wachstumshormon und Insulin.

Mikroorganismen, besonders die kleinsten unter ihnen, sind Weltmeister der Vermehrung. Gewisse Bakterien können sich bei optimalen Bedingungen in zwanzig Minuten verdoppeln, dann vervierfachen und so weiter. Die Population wächst exponentiell und wird durch ein begrenztes Nahrungsangebot oder durch Stoffwechselausscheidungen begrenzt.

Ein wichtiger Grund für dieses unwahrscheinliche Wachstum ist das äußerst günstige Verhältnis einer relativ großen Oberfläche zu einem sehr kleinen Volumen. An der Oberfläche erfolgt ja nicht nur der Gasaustausch, sondern auch die Nahrungsaufnahme. Jede neue Generation geht ohne Substanzverlust aus der alten hervor. Das Individuum, die einzelne Zelle, kennt keinen natürlichen Tod. Der gesamte Zellinhalt überlebt in den zwei Tochterzellen. Bei uns Menschen gelangen nur die erfolgreichen Geschlechtszellen mit ihrer Substanz in die neue Generation. Doch gibt es einen entscheidenden Unterschied. Die Nachkommen im Klon sind alle genetisch genau gleich. Unsere Kinder dagegen haben eine Mischung von genetisch verschiedenen Eltern bekommen.

Nun fragen wir uns, welche der beiden Vermehrungsmethoden ist aus der Sicht der Evolution wohl die bessere? Die Vermehrung durch Klonen hat viele Vorteile. Sie kennt keine Leichen und spart kostbares Material. Sie ist schnell und unkompliziert. Man denke nur an die Krankheitskeime. Ein einziger kann nach erfolgter Infektion seinen Wirt im Nu erobern. Bei der menschlichen Vermehrungsart geht es weniger um die große Zahl, als vielmehr um Individualität und Austausch von

Unter Klon versteht man eine Gruppe genetisch identischer Individuen, die sich von einem einzigen Vorläufer ableiten.

Theoretisch entsteht bei gewissen Bakterien in 24 Stunden ein Klon von 1000 Tonnen Gewicht.

genetischer Information. Diese ist besonders wertvoll, um in einer veränderten Umwelt zu überleben.

In seltenen Fällen funktioniert der Erfahrungsaustausch auch bei Bakterien, zum Beispiel bei der Antibiotikaresistenz. Ein Ärgernis für Spitäler und Mediziner. Häufiger geschieht der Erfahrungsaustausch bei kernhaltigen Einzellern, sie haben ihn perfektioniert. Damit begann die Sexualität ihren Siegeszug. Allerdings ist bei Einzellern die Sexualität noch nicht an die Zeugung von Nachkommen gekoppelt. Zwei Geschlechtspartner finden sich, fusionieren und tauschen in einem komplizierten Prozess Genmaterial aus. Nach der Trennung vermehren sich die verjüngten Partner wieder ausschließlich durch Klonen. Mit der Entwicklung der Sexualität hat der Lebensstrom als Informationsspeicher einen großen Sprung nach vorne gemacht. Bis heute haben sich beide Strategien der Vermehrung, sowohl das Klonen als auch der Sex, erhalten und auf ihre Weise bewährt. Das Klonen der Einzeller schafft schnell unzählige identische Nachkommen. Die Sexualität dagegen dient dem genetischen Informationsaustausch, der Individualisierung, Vielfalt und Anpassung.

32

32   Geklonte Tafelblaualgen-
     Kolonie

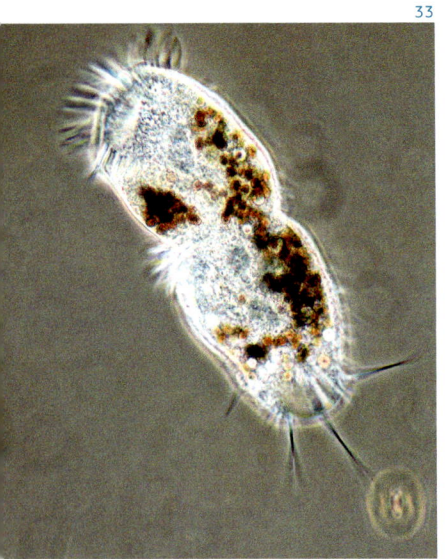
33

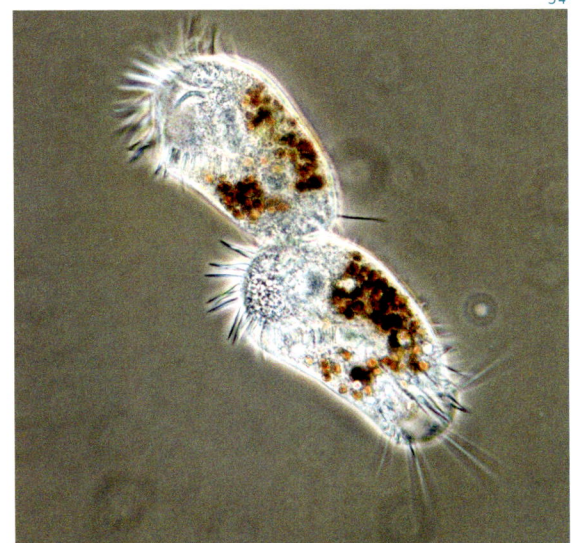
34

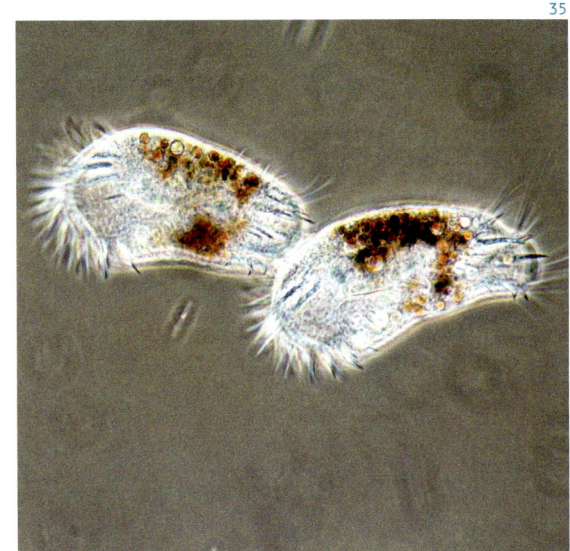
35

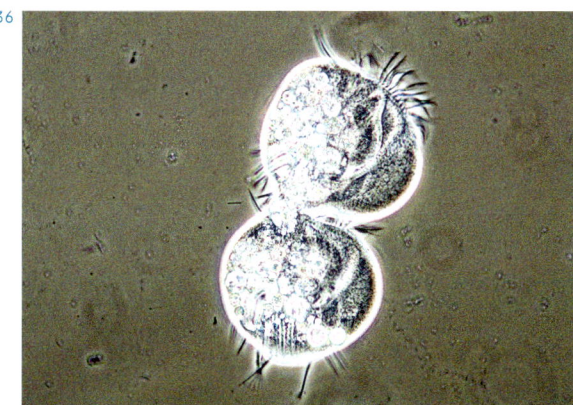

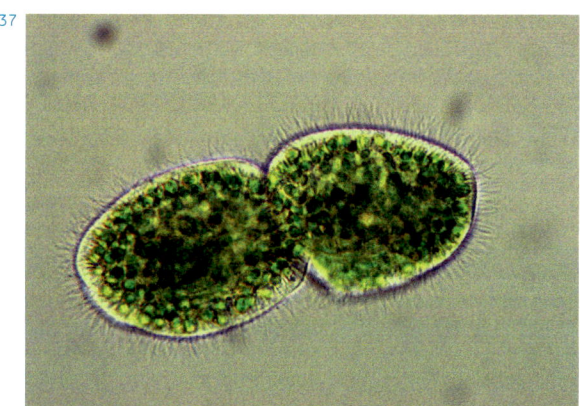

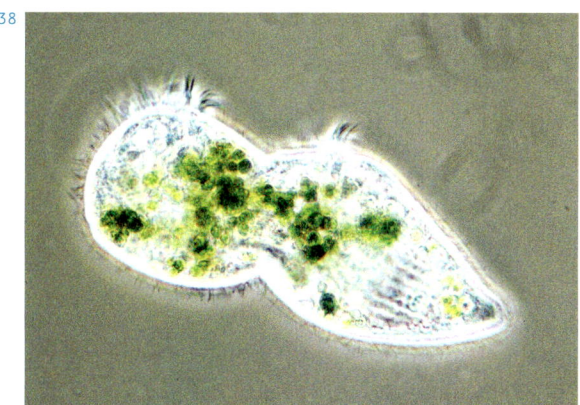

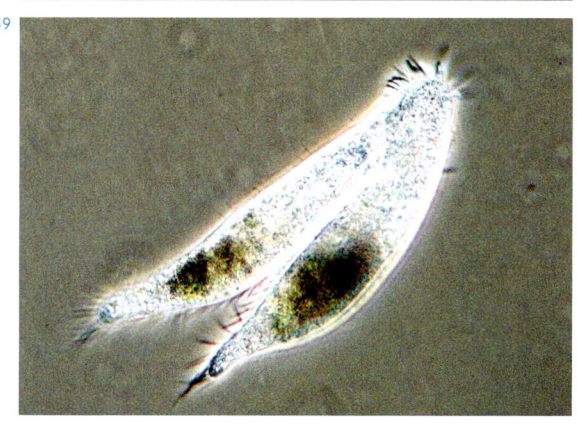

Konjugation

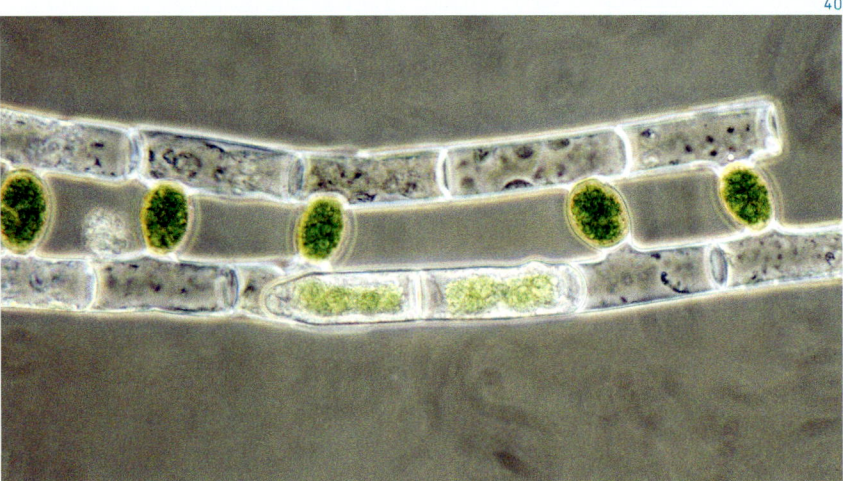

40

Die sexuelle Fortpflanzung der Wimpertiere wird Konjugation genannt. Coniungere = mit einem Joch verbinden, iugum = Joch, Gespann, Paar. In der Biologie findet man den Begriff auch bei fadenförmigen Jochalgen, Konjugaten. Bei diesen verwandeln sich zwei benachbarte Zellinhalte zu geißellosen Geschlechtszellen = Gameten, die darnach über einen Kanal miteinander zur befruchteten Eizelle = Zygote verschmelzen. Dabei geht die Nachbarschaft nicht immer konfliktfrei auf.

Es ist wie beim Sesseltanz. Manchmal stehen für die Zellen eines Fadens (oberer Algenfaden) zu viele Nachbarzellen zur Verfügung (unten), sodass die Überzähligen das Nachsehen haben.

Fig. 1. Fig. 2. Fig. 3.

Überleben

Fig. 11.

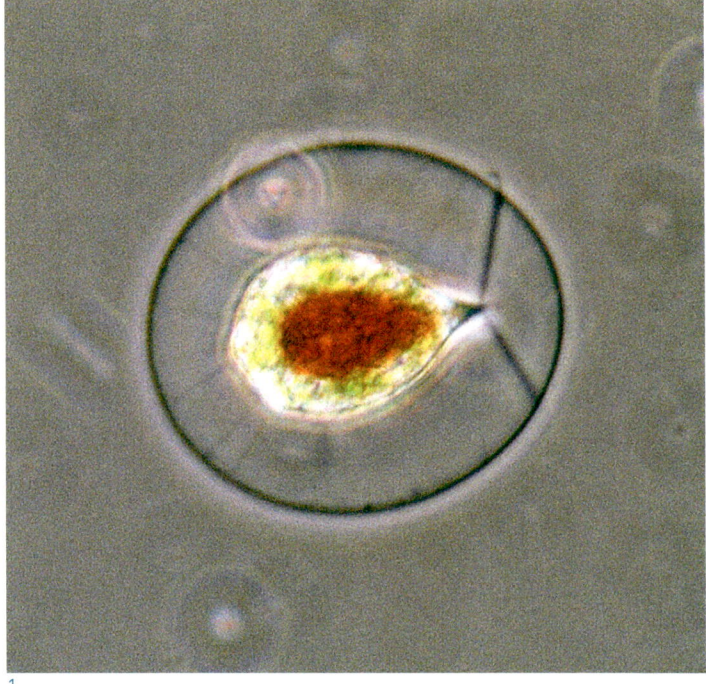

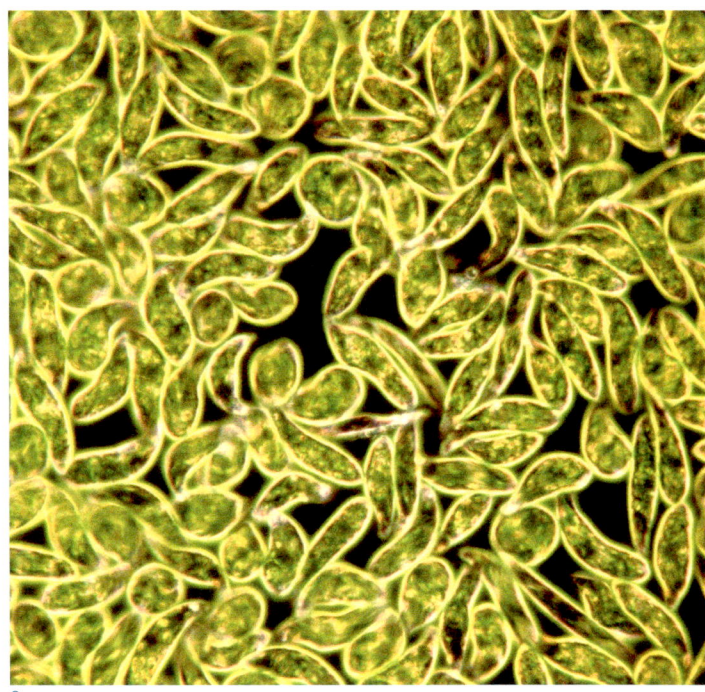

1   Blutregengeißeltier
2   Augenflagellaten

Bei Gefahr scheintot überleben

Viele Mikroorganismen besitzen die beneidenswerte Fähigkeit, bei Hungersnot, Trockenheit und Gefahren aller Art kurzerhand abzutauchen, die Stoffwechselflamme extrem zu drosseln, einzuschlafen und bessere Zeiten abzuwarten. Für eine Dauer von zehn bis fünfzehn Jahren oder mehr reicht der Energievorrat bei Mikroorganismen allemal.

Es ist bei vielen Einzellern üblich, sich bei Gefahr einzukugeln und eine solide Überlebenskapsel auszuschwitzen. Somit werden sie eine Zyste.

Wie kam seinerzeit Goethe zu seinen Infusionstierchen-Zuchten? Das Wort infundere heißt übergießen. Er setzte Aufgüsse an, am 16. April 1786 solche mit rohen Kartoffeln. Es genügte, Kartoffelschalen in Wasser zu legen und abzuwarten, bis die Infusionstierchen aus ihren Zystenhüllen schlüpften. Dieses Experiment gelingt auch mit einem Heuaufguss. Zuerst keimen Bakteriensporen, man stellt dies mit der Nase fest. Sie bilden die Nahrung für alle nachfolgenden Infusionstiere.

Am übergossenen Rohmaterial müssen Überlebenskapseln von allerlei Mikroorganismen geklebt haben, die im Wasser zu neuem Leben erwachten. Waren es Schnecken, welche sie dorthin transportierten, oder waren es Vögel mit ihrem Kot? Eine Darmpassage und eventuell ein Flug um den halben Erdball konnte dem schlafenden Kapselpassagier nur recht sein. Die Zystenwand besteht sinnigerweise aus schwer verdaulichem Chitin, manchmal aus Zellulose oder Kieselsäure.

Auch mit dem Kuhmist gelangen viele eingekapselte Einzeller auf die Wiesen. Darunter auch solche, welche ganz gerne mit dem Heu erneut in einen Wiederkäuermagen gelangen möchten, um dort in der Wärme inmitten von Bakterien ihre symbiotische Verdauungshilfe fortzusetzen.

Auch in rasch und oft austrocknenden Gesteinsvertiefungen, in Weihwasserbecken auf dem Friedhof, findet man weitere Überlebenskünstler mit Zystenbildungstalent. Zum Beispiel einen Flagellaten, der das Wasser mit seiner Farbe blutrot färbt: Haematococcus pluvialis, das Blutregengeißeltier. Seine Rotfärbung deutet man als Schutzschild gegen ultraviolettes Licht. Die dicke Gallertschicht wird bei Austrocknung zur schützenden Zystenwand. Haematococcus gab in früheren Zeiten Anlass zu manchen religiösen Vorstellungen wie blutenden Hostien, Blutschnee oder Blutregen. Der Erste, der diesem Mythos ein Ende bereitete, war der Infusorienforscher Ehrenberg, der – wie wir schon wissen – ein Zeitgenosse Goethes war.

Satt grün gefärbte Pfützen in der Nähe von Dünger enthalten meistens eine Massenentwicklung von anderen Flagellaten, von Augentieren oder Euglenen. Bevor ein solches Kleingewässer ganz austrocknet, haben die Euglenen ihre Geißeln eingeschmolzen und ebenfalls eine Schleimhülle ausgebildet. Die Wind- oder Wasserreise im Zystenstadium kann beginnen.

Bei mehrzelligen Rädertieren geht der Enzystierung eine Befruchtung voraus, sodass man von einem Dauerei in Zystenform sprechen sollte. Solange Rädertiere günstige Lebensbedingungen antreffen, vermehren sie sich ohne Männchen meist explosionsartig mit sogenannten Subitan-Eiern. Subito heißt bekanntlich sehr rasch, plötzlich.

Im Herbst entwickeln die Rädertiere Zwergmännchen, die für eine Befruchtung und die Entstehung der hartschaligen Dauereier sorgen. Damit überstehen die

Zysten sind in der Mikrobiologie resistente Kapseln, die lebensfeindliche Umweltbedingungen überstehen können.

Die Fortpflanzung ohne Männchen wird Jungfernzeugung oder Parthenogenese genannt. Sie kommt außer bei Rädertieren auch bei Wasserflöhen, Insekten, Fischen, Amphibien und Echsen vor.

Rädertiere, genauso wie die Einzeller, problemlos Hunger-, Trocken- und Kälteperioden. Es gibt jedoch auch Rädertierarten, die ganz einfach austrocknen können, ohne Schaden zu nehmen. Was für die meisten Tiere und uns Menschen lebensgefährlich ist, schaffen sie mit Bravour. Wir werden später sehen, wie sie das Problem chemisch lösen.

Die erfolgreichen Fadenwürmer oder Nematoden bilden ebenfalls aus befruchteten Eiern extrem widerstandsfähige Zysten. Im Gegensatz zu den Rädertieren leben sie jedoch durchwegs zweigeschlechtlich als Männchen und als etwas größere Weibchen. Ihr Trick für die Ausnützung günstiger saisonaler Bedingungen besteht in einer unwahrscheinlichen Fruchtbarkeit. Diese begünstigt aber auch die Entwicklung zum Krankheitserreger und Schmarotzer.

Es gibt Fadenwurmarten, bei denen ein Weibchen pro Tag über 100 000 befruchtete Eier legen kann.

Wir Menschen können von über fünfzig verschiedenen Fadenwurmarten gequält werden. Eine Maßnahme, um solche Plagen zu bekämpfen, ist zum Beispiel die gesetzlich vorgeschriebene Fleischbeschau bei Schweinen. Die schmerzhafte, ja sogar tödliche, sogenannte Trichinose kann dadurch vermieden werden. Die Trichine ist ein im Muskelfleisch eingekapseltes Jugend- und Verbreitungsstadium eines Fadenwurms.

Nun gibt es unter den bisher erforschten 15 000 Fadenwurmarten auch solche, die – wie gewisse Rädertiere – ihr Körperwasser fast vollständig abgeben können. Vollkommen trocken wie Staub bleiben alle Organe und Zellen intakt. Mit welchem chemischen Trick ist so etwas überhaupt möglich?

3

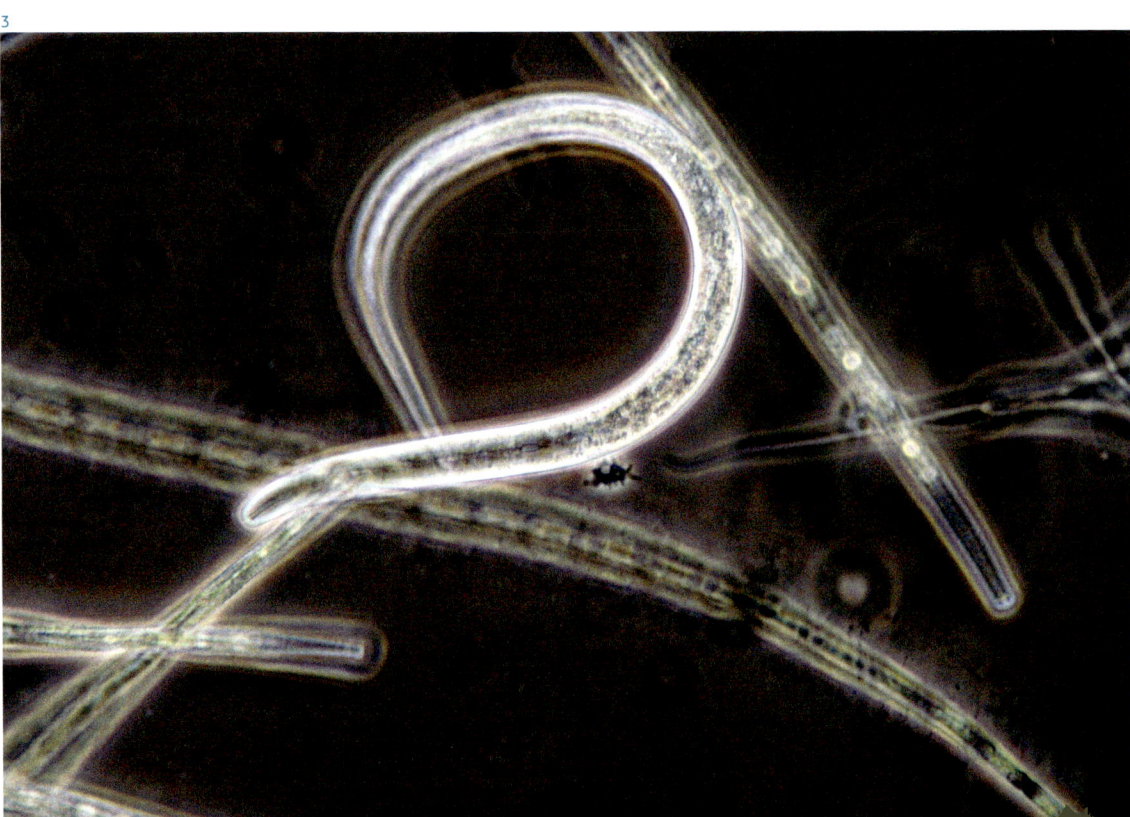

3   Fadenwurm

Ein Fadenwurm für Molekularbiologen

Sydney Brenner führte 1960 den Fadenwurm Caenorhabditis elegans als Modellorganismus ein. Im Jahr 2002 erhielt er dafür mit zwei seiner Kollegen den Nobelpreis. Heute, nach nur gut 40 Jahren, beschäftigen sich weltweit rund 2000 Forscher mit diesem Labortier.

Der elegante Fadenwurm lässt sich pipettieren, beliebig lange einfrieren und bei Bedarf wieder ins aktive Leben zurückholen. Zehn Stunden nach der Befruchtung schlüpfen die Jungtiere. In nur drei Tagen entwickelt sich eine neue Generation.

Kein Wunder, dass dieser Mikroorganismus zum Liebling der Genforscher avancierte. Vom 1 mm langen Würmchen kennt man seit 1998 sämtliche 19 000 Gene. Es sind immerhin halb so viele, wie wir Menschen besitzen. Der Lebenslauf jeder einzelnen der 959 Körperzellen wurde entschlüsselt. Von den rund tausend Zellen sind zirka ein Drittel Nervenzellen.

An diesem Fadenwurm ergaben sich bis heute wichtige Erkenntnisse über Entwicklungsgene, Alterungsprozesse und den programmierten Zelltod, die Alzheimerkrankheit und genetische Grundlagen des Geschmacks- und Temperatursinns.

In der Austrocknungsphase müssen große Mengen eines Zuckers gebildet werden. Es handelt sich um den Zweifachzucker Trehalose, welcher die gegen Austrocknung empfindlichen Membrane und lebenswichtigen Eiweiße ummantelt. Somit kann Wasserverlust keinen Schaden mehr anrichten.

Die Fadenwürmer spielen in feuchter Erde und im Schlamm der Gewässer als Zersetzer von organischem Material eine entscheidende Rolle. Doch auch in der modernen Forschung ist einer von ihnen, Caenorhabditis elegans, wichtig geworden. Er ist zum Modellorganismus aufgestiegen.

Ganz ähnlich überleben auch die Bärentiere oder Tardigrada, die drolligen Lieblinge so vieler Mikroskopiker. Man findet sie in feuchten Moospolstern und Flechten. Sie sind echte Vielzeller, aber mit den Ausmaßen von Einzellern. Mit ihren Segmenten, den Stummelfüßchen, den Häutungen und dem Stechsaugapparat erinnern sie ein wenig an Gelenkfüßler. Doch es handelt sich um einen deutlich abgegrenzten, eigenständigen Stamm.

Die Bärentiere verblüffen immer wieder aufs Neue. Sie sind unübertroffene Meister im Trockenschlaf und überleben unter extremsten Bedingungen.

Schon der Holländer Antony van Leeuwenhoek entdeckte die Bärentiere und berichtete darüber 1702 in einem Brief an die Royal Society in London. Später experimentierte Lazzaro Spallanzani (1729–1799) mit ihnen. 1920 befasste sich der Benediktinerpater G. Rahm mit diesen interessanten Geschöpfen. Er erhitzte sie im Trockenschlaf für kurze Zeit auf 125° C, was sie überlebten. Abkühlen kann man sie schadlos bis auf –270° C. Aus einem 120 Jahre alten Moosherbarium wurden sie durch Befeuchten wiederbelebt. Sie halten den ungeheuren Druck von 6000 Atmosphären aus. Bärentiere ertragen im Trockenschlaf rund 570 000 Röntgen. Die tödliche Strahlendosis für uns Menschen ist 1000-mal geringer. Im aktiven Leben beträgt der Körperwasseranteil der Bärentiere 85 %. Wenn sie sich langsam abkugeln und in den sogenannten Tönnchenzustand übergehen, sinkt dieser Anteil auf weniger als 2 %. Die Differenz beträgt somit 83 %. Im

Vergleich dazu sterben wir Menschen schon nach einem Wasserverlust von 10 %. Man weiß, dass die Bärentiere auch im Trockenschlaf ganz wenig Sauerstoff benötigen. Es ist also keine Resurrectio de mortuis, keine Auferstehung von den Toten, die man beobachtet, wenn sich die Tönnchen nach wenigen Minuten im Wasser wieder zu munter strampelnden Wasserbärchen entfalten.

4

4   Bärentier
5   Soziale Amöben im
        Einzelstadium

Hunger–Alarm

Nicht alle Mikroorganismen reagieren bei Gefahr mit einer drastischen Drosselung ihres Stoffwechsels fast bis zum Stillstand, sei es nun in einer Zyste oder in Trockenstarre. Es gibt auch solche, die vor allem bei Verhungerungsgefahr Alarm schlagen und seltsam aktiv werden. Ein solcher Fall ist ganz besonders gründlich erforscht. Der Entwicklungsbiologe Professor John Bonner von der Princeton University, USA, hat sich ein Leben lang damit befasst. Er suchte nach einem einfachen Modellorganismus für die Erforschung des embryonalen Selbstaufbaus aus einem Ei. Dabei stieß er um 1950 auf das seltsame Wesen mit dem Namen Dictyostelium discoideum. Die Zoologen sehen in ihm eine soziale Amöbe. Die Botaniker betrachten es als zelligen Schleimpilz. Beides stimmt. Es ist ein interessantes Zwischenglied, ein sogenanntes Missing link, nicht nur zwischen Amöbe und Pilz, sondern auch zwischen Einzeller und Mehrzeller.

5

Dictyostelium discoideum – die Zoologen sehen in ihm eine soziale Amöbe, die Botaniker einen Schleimpilz. Beides ist richtig.

Beginnen wir bei der Betrachtung des Lebenszyklus von Dictyostelium discoideum mit dem Stadium, in welchem es diesem Mikroorganismus besonders gut geht. Eine einzelne Amöbe – kaum zu unterscheiden von anderen Bodenamöben – kriecht auf feuchtem Laub oder vermoderndem Holz herum und ernährt sich von zahlreichen Bakterien, die sich dort ebenfalls wohlfühlen. Sie vermehrt sich dabei exponentiell, fast wie die Bakterien, nur etwas langsamer. Aus einer einzigen sozialen Amöbe entsteht in relativ kurzer Zeit eine ganze Armada von Tausenden, ja Hunderttausenden von identischen Geschwistern. Wir kennen das schon, es entsteht ein Klon.

Doch die Nahrungsressourcen sind begrenzt, es kommt zu Engpässen. Früher oder später tritt die Situation ein, bei der eine erste soziale Amöbe nicht mehr genug Bakterien vorfindet und zu hungern beginnt. Dieser Moment scheint mir der bemerkenswerteste im ganzen Lebenszyklus eines Schleimpilzes zu sein.

Die erste hungernde Amöbe sendet einen chemischen Lockstoff aus, sozusagen einen flüssigen Hilferuf. Nach langem Bemühen wurde dieser Alarmstoff entlarvt als kleines Molekül mit dem komplizierten Namen cyclisches Adenosin-Mono-Phosphat, abgekürzt cyclo-AMP oder cAMP. Übrigens ein Stoff, der auch im menschlichen Körper überall vorkommt. Wenn ein Hormon an einer Zelle anklopft, dann trägt das cAMP als Bote zweiter Ordnung dieses Signal ins Innere der Zelle.

Die erste hungernde Amöbe sendet einen chemischen Hilferuf aus.

Die hungernde Amöbe ruft also laut: «cAMP, helft mir – ich bin am Verhungern!» Sie wendet sich damit an ihre Geschwister. Die nächstgelegenen Artgenossen werden in höchste Alarmbereitschaft versetzt. Wie reagieren sie darauf? Sie stellen ihre Fresstätigkeit ein und alarmieren weitere Geschwister mit der Abgabe von eigenem cAMP. Dann machen sie sich nach Amöbenart auf, um den Ort der Ersthungernden zu suchen und zu finden. Der ganze, riesige Klon wird mit diesem Relaissystem umprogrammiert und versammelt sich mit einem eindrücklichen Sternmarsch am Ort der ersten Hungerzelle.

Erinnern wir uns zwischendurch kurz an die amöbenartigen weißen Blutkörperchen. Auch sie werden durch chemische Signalstoffe in einer Wunde versammelt, allerdings um Infektionskeime abzufangen.

Der Klon versammelt sich und wird ein Mehrzeller, der zu wandern beginnt.

Die Versammlung der Amöbenmasse formiert sich nun zu einem schneckenartigen, länglichen Hügel, zu einem echten Mehrzeller. Bald ist zu erkennen, dass er ein Vorder- und ein Hinterende besitzt. Er beginnt zu wandern und sucht einen neuen Ort, der seiner künftigen Absicht besser entspricht.

Auf dieser Wanderung hinterlässt er eine Schleimspur, genau wie eine Schnecke. Einen Tag und eine Nacht, also 24 Stunden, ist der klumpenförmige Mehr-zeller in Wanderstimmung, dann kommt er zur Ruhe. Ungefähr fünf Zentimeter hat er in dieser Zeit zurückgelegt. Lag er am Beginn seiner Wanderung vielleicht zwei bis drei Zentimeter tief in einer Boden- oder Rindenfurche, so gelang es ihm, vom Kellergeschoss auf die Dachterrasse aufzusteigen, wo es etwas lebhafter zugeht. Der Wind streicht vorbei und größere Transportvehikel, wie etwa Ameisen, Asseln oder Milben, stolpern und trippeln umher.

Aber der unförmige Schleimpilzhügel muss sich erst noch aufrichten und eine runde Sporenkapsel auf einem langen Stiel ausbilden. Wie soll er das können, hat er doch keine Augen um abzuklären, ob der Platz für den geplanten Turmbau frei ist oder nicht? Das schafft er besonders elegant mit Ausdünstungen aus seinem eigenen Körper. Die Reflexion seines Duftes an Hindernissen erlaubt ihm sogar, die Sporenkapsel genau ins Zentrum eines Hohlganges wachsen zu lassen.

Erst nach dem langsamen Aufstieg der künftigen Sporen über den erhärteten Kapselstiel, also erst nach der Eroberung der dritten Dimension, erkennen wir eine gewisse Verwandtschaft mit Pilzen. Und jetzt tritt auch ein stummer Lockruf der klebrigen Sporen in Aktion: «Nehmt mich mit auf eine Reise zu neuen Horizonten, wo es wieder saftige und schmackhafte Bakterien-Mahlzeiten gibt!» Der Fortbestand der Gene von Dictyostelium discoideum wird dadurch gesichert. Die Helfer-Amöben jedoch, die den Stiel gebildet haben, sind zum Tod verurteilt.

Beim Übergang von den Einzellern zu den Mehrzellern treten in der Evolution zwei wichtige Neuerungen auf. Die Spezialisierung einzelner Zellen innerhalb einer Kolonie und als Folge davon der natürliche Tod dieser Spezialisten.

6

6   Soziale Amöben auf
dem Sternmarsch

Mit Ausnahme der Geschlechtszellen besteht auch unser menschlicher Körper aus lauter spezialisierten Zellen, die man aus der Sicht der Evolution wohl als Helfer der Keimzellen betrachten kann, wie die Stielzellen von Dictyostelium discoideum. Nachdem sie diesen Helferdienst erfüllt haben, müssten sie eigentlich abtreten und neuem Leben Platz machen. Die Weitergabe der

Der Schleimpilzhügel richtet sich auf und bildet eine Sporenkapsel auf langem Stiel.

Gene wäre ja gesichert, wenn diese nur selbstsüchtig wären. Die spezialisierten Helfer, die Seitenzweige der Keimbahn, entwickeln sich jedoch mehr und mehr zu komplexen Individuen, ja sogar zu Persönlichkeiten. Was hat doch das Leben mit diesen Zellspezialisten neben der Genweitergabe außerdem noch alles zustande gebracht, welch ein Reichtum, welche Vielfalt und Genialität!

7

Wenn der einzige biologische Sinn der Existenz von Individuen nur in der Weitergabe der egoistischen Gene bestehen würde, leuchtet es nicht ein, warum es Arten gibt, bei denen die Individuen nach der Zeugung und der Aufzucht der Jungen noch Jahre weiterleben. Das trifft auch für uns Menschen zu. Der Preis für die Spezialisierung und die Ausbildung von Individualität ist der natürliche Tod. Ist dieser Preis zu hoch? Sicher nicht, wenn man die Erfolgsbilanz des gesamten Lebens auf unserem Planeten ins Auge fasst. So betrachtet, hat der natürliche Tod sich sogar reichlich ausbezahlt.

8

9

Cyclo—AMP im menschlichen Körper

Bekanntlich sind Hormone oder Botenstoffe erster Ordnung Stoffe, welche in extrem geringen Mengen von Drüsen gebildet werden, die ihren Saft direkt ins Blut abgeben. Die Hormondrüsen werden daher auch innersekretorische Drüsen (Sekrete = Drüsenausscheidungen) genannt.

Adrenalin wirkt als Stresshormon, weil es bei Gefahr im Körper blitzartig Alarm auslösen kann. Das Wachstumshormon Somatotropin stimuliert den gesamten Stoffwechsel. Insulin senkt nach einer Mahlzeit den Zuckerspiegel im Blut. Keimdrüsenhormone steuern die Reifung der Geschlechtsorgane.

Wenn nun ein Hormon mit dem Blutstrom am Zielorgan vorbeiströmt, bewirkt es über Zellwandrezeptoren im Innern der Zellen eine Kettenreaktion chemischer Prozesse. Auf diesem Signalweg spielt das cAMP als sogenannter Bote zweiter Ordnung eine entscheidende Rolle und schaltet bestimmte Gene an oder ab. Folglich sind Gene nicht nur während des Aufbaus eines Körpers, sondern zeitlebens aktiv.

Im anderen Nachrichtengewebe, dem Nervensystem, entscheidet das cAMP, ob ein Reiz nur im Kurzzeitgedächtnis oder nachhaltig im Langzeitgedächtnis gespeichert wird. Im zweiten Fall ist das cAMP über das beteiligte Nervenkabel bis in den Kern der Nervenzelle vorgedrungen. Dort hat es dafür gesorgt, dass weitere, neue Schaltstellen (Synapsen) gebildet werden.

10   Karl von Frisch
11   Facetten-Rädertier
12   Sack-Rädertier
13   Facetten-Rädertier mit
        Dornen

Körperumbau bei Gefahr

Eine der erstaunlichsten Methoden, um das Überleben einer Art zu sichern, wurde im Jahr 1952 beim Wappen-Rädertier Brachionus calyciflorus entdeckt und bis 1971 relativ gut untersucht. Entsprechendes gilt auch für die Facetten-Rädertiere der Gattung Keratella.

Wappen-Rädertiere bilden mit ihrer Oberhaut einen Rumpfpanzer, der in seinen Umrissen einigermaßen an heraldische Wappenschilder erinnert. Am Kopfende sind sie mit spitzen Zacken bewaffnet, fast möchte man sagen barock verziert. Das Hinterende ist wie bei einem Wappen abgerundet. Sie werden von eigenen Gattungsgenossen gerne gefressen. Die räuberischen Sack-Rädertiere der Art Asplanchna breightwelli haben es auf sie abgesehen. Hier haben wir es mit einem klassischen Räuber-Beute-Paar zu tun. Das bedrohte Rädertier besitzt zwar ein schönes rotes Auge, doch dieses reicht nicht aus, den Feind zu erkennen, nur die Ausdünstungen verraten ihn. Auf diesem Evolutionsniveau regiert noch ausnahmslos die chemische Kommunikation.

Das erinnert mich an den Biologen Karl von Frisch (1886–1982), der in der Anfangszeit der Verhaltensforschung am Ufer des Wolfgangsees Elritzen beobachtete. Durch regelmäßiges Füttern hatte er diese Fische recht

zutraulich gemacht. Für seine Versuche wollte er einige Fische markieren, um sicherzugehen, dass er nicht immer neue Tiere vor sich hatte. Mit Farben kann man Fische nicht bemalen, auch Beringung ist ungeeignet. Also entschloss er sich, einen Fisch zu fangen und ihm unter Narkose einen Hautnerv durchzutrennen. Dadurch wurden die Farbstoffzellen gelähmt und die Afterflosse permanent schwarz gefärbt. Dann gab er das Tier in den Schwarm zurück. In diesem Moment geschah etwas Merkwürdiges. Die große Schar der zutraulichen Elritzen stob blitzartig auseinander, wurde völlig verstört und kam nur äußerst zögerlich wieder ins Gleichgewicht. Damit hatte Karl von Frisch die chemische Alarm- und Defensivreaktion der karpfenartigen Schwarmfische entdeckt. Er konnte zeigen, dass ein Schreckstoff aus der Haut des verletzten Tieres allen Schwarmgenossen augenblicklich verriet, was geschehen war, und sie in die Flucht jagte. Es gibt also auch auf dem hohen Niveau der Wirbeltiere die chemische Kommunikation in der Räuber-Beute-Beziehung, wie schon bei den Wappen-Rädertieren.

Beide werden von Signalstoffen alarmiert. Aber die Rädertiere suchen nicht einfach das Weite wie die Elritzen,

10

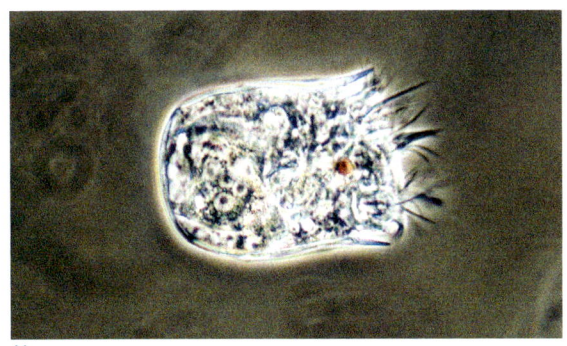

11

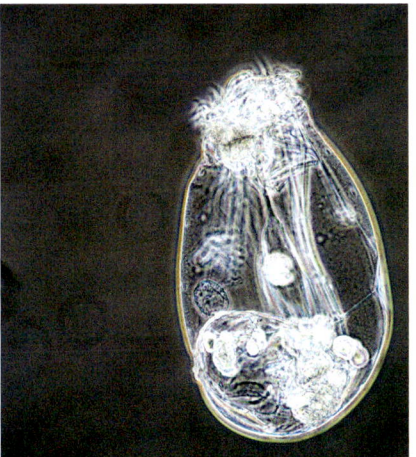

12

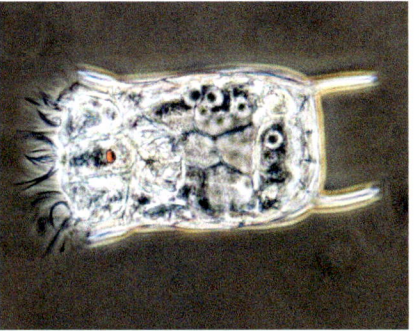

13

sie beginnen im Alarmzustand einen aufwändigen Abwehrkampf. Das Wappen-Rädertierweibchen bringt von nun an nur noch wehrhafte Jungtiere zur Welt, die überraschend am abgerundeten Hinterrand des Panzers zwei spitze Dornen besitzen. Bei Gefahr können gewisse Nachkommen diese neuen Waffen sogar abspreizen und dem Räuber den Appetit ordentlich vermiesen. Ahnungslose Systematiker hätten früher diese Tiere als neue Art eingestuft. Solange die Sackräuber eine Gefahr darstellen, wird die defensive Gestalt beibehalten, selbst über viele Generationen hinweg. Doch die aufwändige Überlebensstrategie hat ihren Preis. Es entstehen in dieser Zeit

weniger Nachkommen. Nach dem Abklingen der Gefahr werden die Wappen-Rädertiere wieder in der angestammten Form geboren.

Es scheint fast, als wäre hier der Lamarckismus verwirklicht. Im Ideenkampf der Entwicklungstheoretiker hat Lamarcks Annahme bisher immer den Kürzeren gezogen. Er glaubte, dass durch Fleiß und Wille erworbene Eigenschaften vererbt würden. Lamarck selbst (1744–1829), französischer Zoologe, stieg vom Bohemien zum Gelehrten auf und wurde 50-jährig Professor, obschon er nie studiert hatte. Aber so leicht lassen sich die Erbfaktoren doch nicht beeinflussen.

Der Wasserfloh Daphnia cucullata bildet in der Gegenwart von Büschelmückenlarven, Glaskrebsen und Fischen eine spitze Zipfelmütze und einen längeren Endstachel aus.

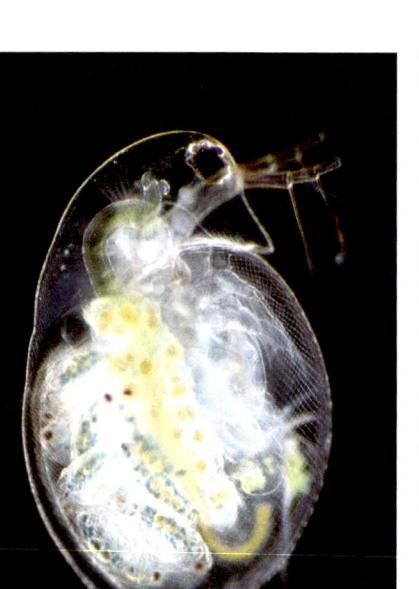

14

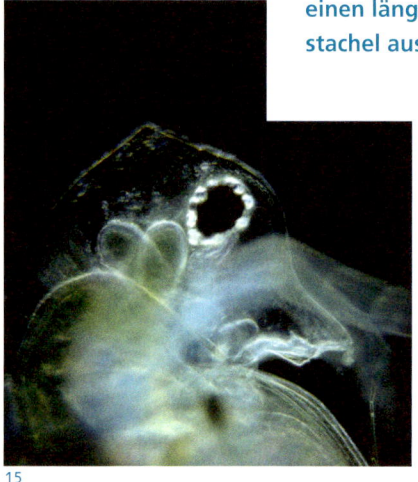

15

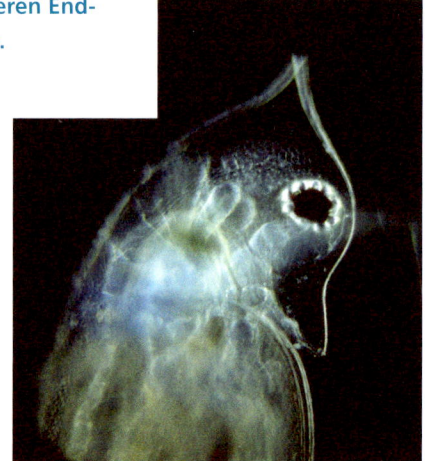

16

17

18

Nach Darwin muss bei Gefahr ein Gen für die Formveränderung aktiv werden. Es hat sich gezeigt, dass der Signalstoff eines Feindes beim Wappen-Rädertier nur dann wirkt, wenn er auf die jungen Eier trifft, bevor sie mit den ersten Teilungen begonnen haben. Dies ist auch ein Hinweis auf den Ort des Alarmschalters in den Genen.

Einmal auf derartige Abwehrstrategien aufmerksam geworden, begannen die Biologen sich anderweitig umzusehen. Durch Räuber ausgelöste Feindabwehr wurde zu einem Spezialgebiet der Verhaltensforschung. Zwischen 1983 und 1988 entdeckten die Botaniker, dass auch gewisse Pflanzen mehr Stacheln bilden, wenn sie angeknabbert werden. Andere Pflanzen wiederum vermiesen Raupen den Appetit mit ungenießbaren Stoffen, zum Beispiel Phenole, Terpene oder Wachs.

Eine wehrhafte Beute hilft indirekt auch dem Räuber. Langfristig kann dieser seine Futtertiere nicht vollständig ausrotten. Die stabilisierende Biodiversität der Arten bleibt erhalten.

Besonders ergiebig sind die Erkenntnisse auf diesem Gebiet bei niederen Wasserlebewesen. 1984 entdeckten Forscher der Westfälischen Universität Münster den ersten Einzeller des Süßwassers, der sich in Gegenwart eines Fressfeindes wehrhaft umbaut. Er wird deutlich breiter. Es handelt sich um das Lauf-Wimpertier Euplotes octocarinatus, welches auf dem Rücken einen Kamm ausbildet und seine Breitenmasse verdoppelt, sodass es vom Schaufel-Wimpertier Lembadion bullinum nicht mehr gefressen werden kann. Beide Arten wurden in Zucht genommen und gründlich erforscht.

Im Experiment konnte die sperrige Verformung von Euplotes auch durch Kulturflüssigkeit ausgelöst werden, in der sich Schaufel-Wimpertiere befanden, die zuvor keinen Kontakt zur Beute hatten. Dieser Versuch beweist, dass der Signalstoff, im Gegensatz zum Schreckstoff der

14   Langdorn-Wasserfloh
15–16 Langdorn-Wasserfloh
         in Abwehrgestalt
17   Lauf-Wimpertier
18   Lauf-Wimpertier in
         Abwehrgestalt

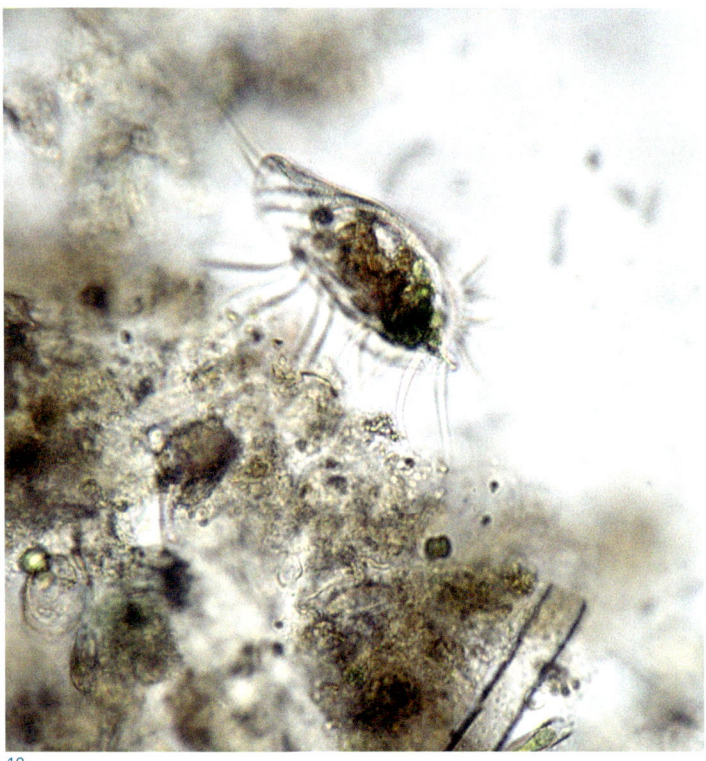

19

Wenn man verschiedene Arten der Lauf-Wimpertier-Familie Euplotes mit unterschiedlichen Fressfeinden konfrontiert, wird es kompliziert. Es gibt keine einfachen Rezepte für das Verständnis der unterschiedlichen Ergebnisse. Jede Beuteart hat ihre eigenen Erfahrungen und Kenntnisse vom Räuber.

Es ist interessant, dass das Laufwimpertier Euplotes in wehrhafter Form gegenüber einem weiteren Fressfeind, dem Strudelwurm Stenostomum sphagnetorum, neben der Gestaltsveränderung zusätzlich noch ein wehrhaftes Verhalten entwickelt. Das funktioniert folgendermaßen. Euplotes berührt zufällig den Feind. Blitzartig schnellt es unter heftigen Bewegungen der Wimperbeine um mehrere Zelllängen zurück, dreht sich um die eigene Achse und eilt in gerader Linie fort in eine sichere Entfernung.

Noch interessanter scheint mir folgende Entdeckung. Die Forscher untersuchten die Räuber-Beute-Beziehung zwischen der großen Amoeba proteus und einigen Euplotes-Arten. Was fanden sie? Das Wimpertier reagierte nur mit erhöhter Fluchtbereitschaft, jedoch nicht mit Gestaltsveränderung, so als ob es genau wüsste, dass Amöben keine Mundstrukturen besitzen, die mit einer sperrigen Gestalt überlistet werden müssen.

In der Zukunft könnte es sein, dass diese Forschungsergebnisse auch Auswirkungen auf uns Menschen haben. Wir wissen nun, dass Einzeller ihre Gestalt aufgrund eines Signals, das von außen kommt, verändern. Die Forscher könnten dereinst die Kette der Ereignisse entflechten. Ausgehend vom Anbinden eines Botenstoffes an die molekularen Fühler auf der Zellaußenseite, geht der Signalweg über zelleigene Boten in den Zellkern. Dort wird die Genaktivität verändert, und diese führt schließlich zum Umbau des Zellskelettes und vielleicht zur Veränderung der ganzen Zelle.

Wird es mit neuem Grundlagenwissen eines Tages möglich sein, eine regenerationswillige Leberzelle in eine Nervenzelle umzuwandeln? Werden wir in ferner Zukunft sogar die gestörte chemische Kommunikation einer Krebszelle mit ihren Nachbarn verstehen?

Elritzen, nicht von verwundeten und schon halb gefressenen Beutetieren stammt, sondern dass er eine unfreiwillige chemische Visitenkarte des Räubers ist.

Die fleißigen Forscher haben diesen Stoff sogar isoliert, als Eiweiß entlarvt und seine geringste wirksame Konzentration bestimmt. Sie nennen ihn L-Faktor nach dem Räuber Lembadion.

Für den Umbau zur Abwehrform müssen sich die einzelligen Wimpertiere nicht vermehren, wie das bei den mehrzelligen Rädertieren der Fall ist. Schon nach vier Stunden kann eine Veränderung festgestellt werden. Nach zwanzig Stunden ist die maximale Zellbreite erreicht und die Umwandlung zur Abwehrform abgeschlossen. Bei sinkender Faktorkonzentration passt sich die Veränderung dem abklingenden Gefährdungsgrad an. Der Überlebenskampf der Wimpertiere ist sehr sorgfältig auf die Bedrohung abgestimmt. Er verläuft keineswegs nach dem Alles-oder-nichts-Prinzip, wie so mancher Streit bei Menschen.

19 Lauf-Wimpertier, Seiten-
    aufnahme
20 Strudelwürmer

Nachwachsende Körperteile

Welche Schlagzeilen würden wohl durch den Pressewald jagen, wenn es eines Tages gelingen würde, erstmals einem beinamputierten Raucher ein neues Bein auswachsen zu lassen: Riesenerfolg für die Regenerationsmedizin! Von nun an würde es keinen ernsthaften Grund mehr geben, auf den tödlichen Genuss zu verzichten. An dieses futuristische Szenario glauben einige ernsthafte Forscher schon heute. Eine Vorstufe zu diesem Fernziel sind die aktuellen Versuche mit Stammzellen. Diese wecken in der Forschung kühne Hoffnungen, weil sie noch nicht spezialisiert sind und sich eines Tages vielleicht gezielt zu Ersatzzellen werden entwickeln lassen.

20

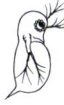

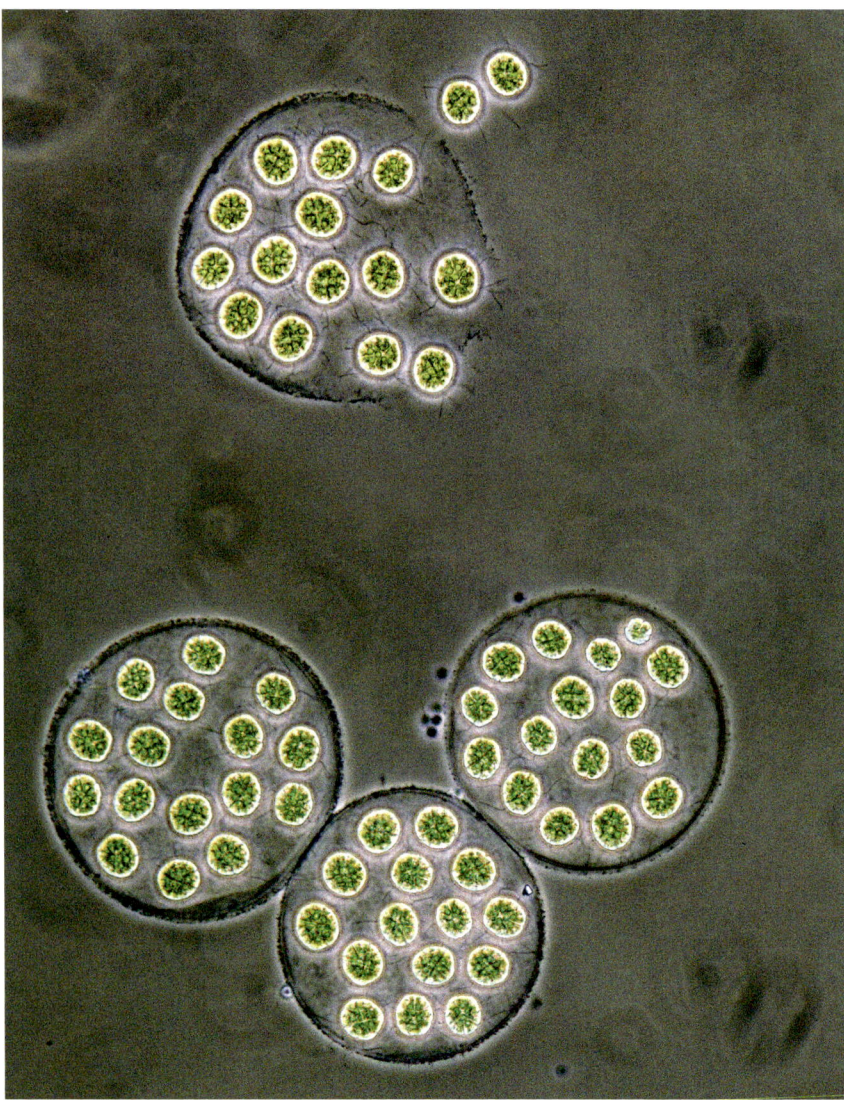

21

21   Gallertkugel-Grünalgen, eine
      Zellkolonie
22   Kugelalgen, Pioniere der
      Mehrzelligkeit. Die Mutterko-
      lonie muss nach der Geburt
      der eingeschlossenen Toch-
      terkolonien eines natürlichen
      Todes sterben

Man hofft zum Beispiel auf Dopamin produzierende Nervenzellen. Für die Therapie von Parkinson-Patienten würde dann eine einfache Zellinjektion ins Gehirn genügen.

Das einzige menschliche Organ, das sich selbst relativ leicht ergänzend regenerieren kann, ist die Leber. Alle übrigen Organe im unserem Körper haben durch ihre Spezialisierung die Regenerationsfähigkeit weitgehend eingebüsst.

Das Heranwachsen scheint eine Einbahnstraße zu sein. Beim Fetus hinterlässt eine Verwundung noch keinerlei Narben, anders jedoch beim erwachsenen Menschen. Die Regeneration ohne Vernarbung dringt am ausdifferenzierten Gewebe nicht mehr durch. Man nimmt an, dass die Wundheilung und die Regeneration zwei konkurrierende Prozesse sind. Was beim Fetus funktioniert, ist manchmal auch bei tierischen Mehrzellern noch möglich. Für Forscher, die auf dem Gebiet der Regenerationsmedizin arbeiten, kommen folgende Organismen als Modelle in Frage: Strudelwürmer, Süßwasserpolypen und Schwämme, eventuell auch Seesterne, Molche und Eidechsen.

Ganz unten an der Basis der Mehrzeller ist die Regenerationsfähigkeit weit verbreitet. Beim Übergang von der Zellkolonie zum Mehrzeller spielt sie eine Rolle als Entscheidungskriterium. Eine Zellkolonie ist definiert durch die Tatsache, dass sich jede beliebige Zelle zu einer neuen Kolonie entwickeln kann. Es gibt noch keine Spezialisierung innerhalb des Zellverbandes.

Die Zellen sind jedoch genetisch sehr viel weiter individualisiert, als dies bei einem Bakterienklon der Fall ist. Bakterien haben untereinander einen freizügigen Genaustausch. Dagegen sind die viel zahlreicheren Gene der kernhaltigen Zellen innerhalb der Chromosomen sehr kompliziert angeordnet. Bei jeder Zellteilung findet ein richtiges Chromosomenballett statt. Dabei werden die Chromosomen von denselben Strukturen bewegt, die wir schon im Innern der Geißeln kennen

22

gelernt haben. Man nennt diese molekularen Motoren Mikrotubuli, das heißt kleine Röhren. Nur mit Hilfe dieser Mikrotubuli können die durch Sexualität erworbenen Informationen erhalten bleiben und sich identisch verdoppeln.

Die Biologen nennen dieses Chromosomenballett Mitose. Nun zeigt sich ein seltsamer Befund. Bildet eine kernhaltige Zelle in einem Verband eine Geißel aus, ver-

liert sie damit die Fähigkeit, sich zu teilen. Die begrenzte Zahl der Bildungszentren für Mikrotubuli wird für die Geißel benötigt und steht nicht mehr für die räumliche Organisation der Chromosomen zur Verfügung. Somit gibt es einen engen Zusammenhang zwischen den Wimperbeinchen und dem Bewegungsapparat während der Mitose. Die begeißelte Zelle altert und stirbt eines natürlichen Todes.

23

Die berühmte und wunderschöne Kugelalge Volvox verkörpert eine etwas höher entwickelte Zellkolonie; sie könnte als Kolonialindividuum betrachtet werden. Die Aufspaltung der Koloniemitglieder in wenige potenziell unsterbliche Keimzellen und in viele begeißelte Normalzellen ist bei Volvox verwirklicht. Die entscheidende Weichenstellung in eine geradlinig verlaufende Keimbahn und in das abzweigende Gleis der nun alternden Spezialzellen ist bereits vollzogen. Die Mutterkugel hat ihren Auftrag erfüllt und muss sterben.

Erinnern wir uns kurz an das Schicksal der Stielzellen bei den sozialen Amöben. Auch sie verhalfen der nachfolgenden Generation zu einem guten Start und bezahlten diese Hilfeleistung mit dem natürlichen Tod. Bei der Kugelalge und bei den sozialen Amöben sind die spezialisierten Helferzellen untereinander praktisch alle gleich.

Eine weitergehende Arbeitsteilung unter den Zellspezialisten findet man bei den Schwämmen. Die sesshaften Schwämme erscheinen anatomisch wie eine Mischkolonie von Kragengeißeltieren, Amöben und Skelett bildenden Einzellern. Für die Nahrungsbeschaffung sorgt das Heer der Kragengeißler. Mit ihrem Kragen von kammar-tigen Fingern rund um die Geißelbasis filtrieren sie Bakterien und extrem feine Nahrungsteilchen aus dem Wasser. Sie treiben mit ihren Flagellen den Wasserstrom an, der durch die Poren des Schwammes fließt. Damit wird auch Sauerstoff herangeführt. Jeder Schwamm ist somit ein Nanoplankton-Filter, der sein Gewässer sehr effizient reinigt.

Die amöbenartigen Wanderzellen verteilen die Nahrung im ganzen Schwamm durch Mund-zu-Mund-Transport. Die Verdauung geschieht noch wie bei den Einzellern im Innern der Zellen, was bei allen höheren Mehrzellern nicht mehr üblich ist.

Man kann einen Schwamm sorgfältig durch ein Sieb pressen, ohne dass er ernsthaft Schaden nimmt. Der lockere Zellverband in einer Gallerte kann sich problemlos reorganisieren. Alle Zellen sind amöboid beweglich. Sie können sich bei Bedarf vermehren und dadurch verloren gegangene Körperregionen ersetzen. Das Regenerationsvermögen der Schwämme ist erstaunlich. Obschon nirgends im Schwamm Nerven- oder Muskelzellen vorkommen, ist eine koordinierte Reizbeantwortung möglich.

Die chemische Zellkommunikation dieses einfachen Mehrzellers ist wohl um einiges komplexer als bei sozialen Amöben. Es wäre interessant zu wissen, ob die Genome der drei Partner eines Schwammes übereinstimmen. Vielleicht erfolgt der Zusammenschluss der Zellen weniger aufgrund ihrer engen Verwandtschaft, wie bei der sozialen Amöbe und der Kugelalge, als vielmehr durch ein übergeordnetes, vitales Interesse. In menschliche Dimensionen übertragen, würden die sozialen Amöben und die Kugelalgen einem Familienbetrieb und die Schwämme eher einem Verein entsprechen. Aber darüber weiß man noch kaum etwas. An dieser Frage wird die Symbioseforschung arbeiten müssen.

Bereits 1744 erschloss der Genfer Zoologe Abraham Trembley (1710–1784) ein besonders interessantes Experimentierfeld für Zellbiologen. Er beschrieb ausführlich die Süßwasserpolypen und erkannte dabei ihre

23   Kragengeißelzellen eines
      Schwamms, Modell
24   Süßwasserpolypen

tierische Natur und ihre erstaunliche Regenerationsfähigkeit. Neben unzähligen Amputationen und operativen Fusionen gelang es ihm sogar, einige Tiere umzustülpen, sodass die innere Verdauungsschicht nach außen gekehrt war. Was geschah danach? Das Tier konnte sich nicht zurückstülpen. Doch es organisierte sich innerhalb seiner zwei Zellschichten neu, indem jede Zelle in die richtige Lage zurückwanderte. In den damaligen Wissenschaftlerkreisen erregte Trembley großes Aufsehen, weil man solche Regenerationen nicht für möglich gehalten hatte.

Heute wissen wir, dass für jede erfolgreiche Regenerationsleistung ein Signalstoff-Dialog unabdingbar ist. Aber welche Signale geben die erforderlichen Instruktionen? Jede einzelne Zelle besitzt ja das Genom des gesamten Körpers. Doch die während der embryonalen Entwicklung aktiven Signale sind nach der Ausdifferenzierung meist abgeschaltet. Könnte man sie vielleicht wieder aktivieren und das verlorene Körperteil nochmals neu aufbauen? Der Süßwasserpolyp hat uns einige bescheidene Antworten auf solche Fragen gegeben. Die Hydra aus dem Stamm der Hohltiere, die Schwämme und die Strudelwürmer besitzen in ihrem Körper Ersatzzellen, die je nach Bedarf entstandene Lücken füllen können. Für diese Aufgabe müssen sie wissen, wo im Körper sie sich befinden. Diese Information bekommen sie von einem Eiweißmolekül, das durch seine Konzentration die Körperorientierung festlegt. In der Mundregion wird es produziert und nimmt nach hinten gleichmäßig ab.

Das Aufregende an dieser Entdeckung ist die Tatsache, dass dieses Eiweiß der Hydra zur selben Molekülfamilie gehört wie einige schon bekannte Signaleiweiße, die auch unseren menschlichen Körperbau festlegen. Von Süßwasserpolypen kann man etwas über Wirbeltiere oder Menschen lernen. So konservativ ist der Lebensstoff, und so fixiert die Evolution eine bewährte Erfahrung. Nun aber findet man bei den höher entwickelten Wirbeltieren, zum Beispiel bei Molchen und Eidechsen, keine unspezialisierten Ersatzzellen in Warteposition. Wirbeltiere mit Regenerationspraxis verwandeln bereits spezialisierte Zellen bei Bedarf zurück in undifferenzierte Alleskönner. Es ist eine andere Strategie als weiter unten in der Evolution.

Ein wichtiges Forschungszentrum für die Regeneration von Nervenzellen ist das Institut für Hirnforschung der Universität Zürich. Dort konzentriert man sich auf die Heilung des Rückenmarks bei querschnittgelähmten Menschen. Die Forscher um Martin Schwab entdeckten den Regenerationshemmer Nogo (geht nicht), den sie blockieren konnten. Jetzt kann die Regeneration wieder in Gang kommen. Die Phase der klinischen Anwendung steht bevor. Bis zur Schlagzeile vom nachgewachsenen Raucherbein müssen wir uns noch etwas gedulden.

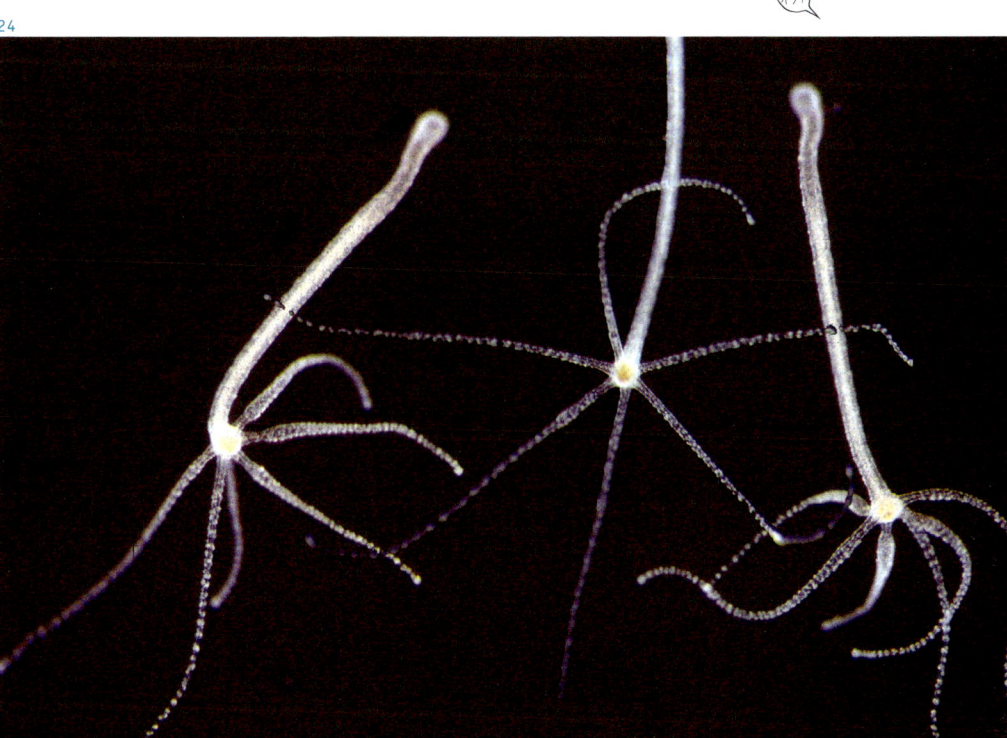

24

25

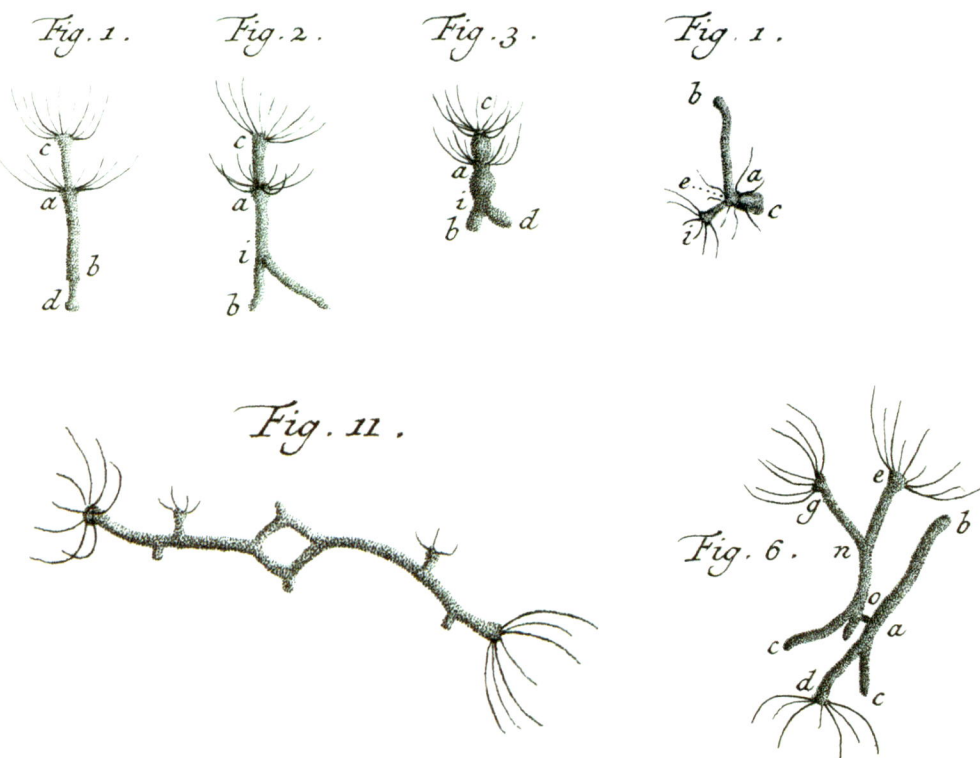

26

25 Regenerations- und Fusions-
experimente mit Süßwasserpolypen von Abraham
Trembley, um 1745
26 Grüner Süßwasserpolyp,
Modell

Vom Solisten
zur Großfamilie

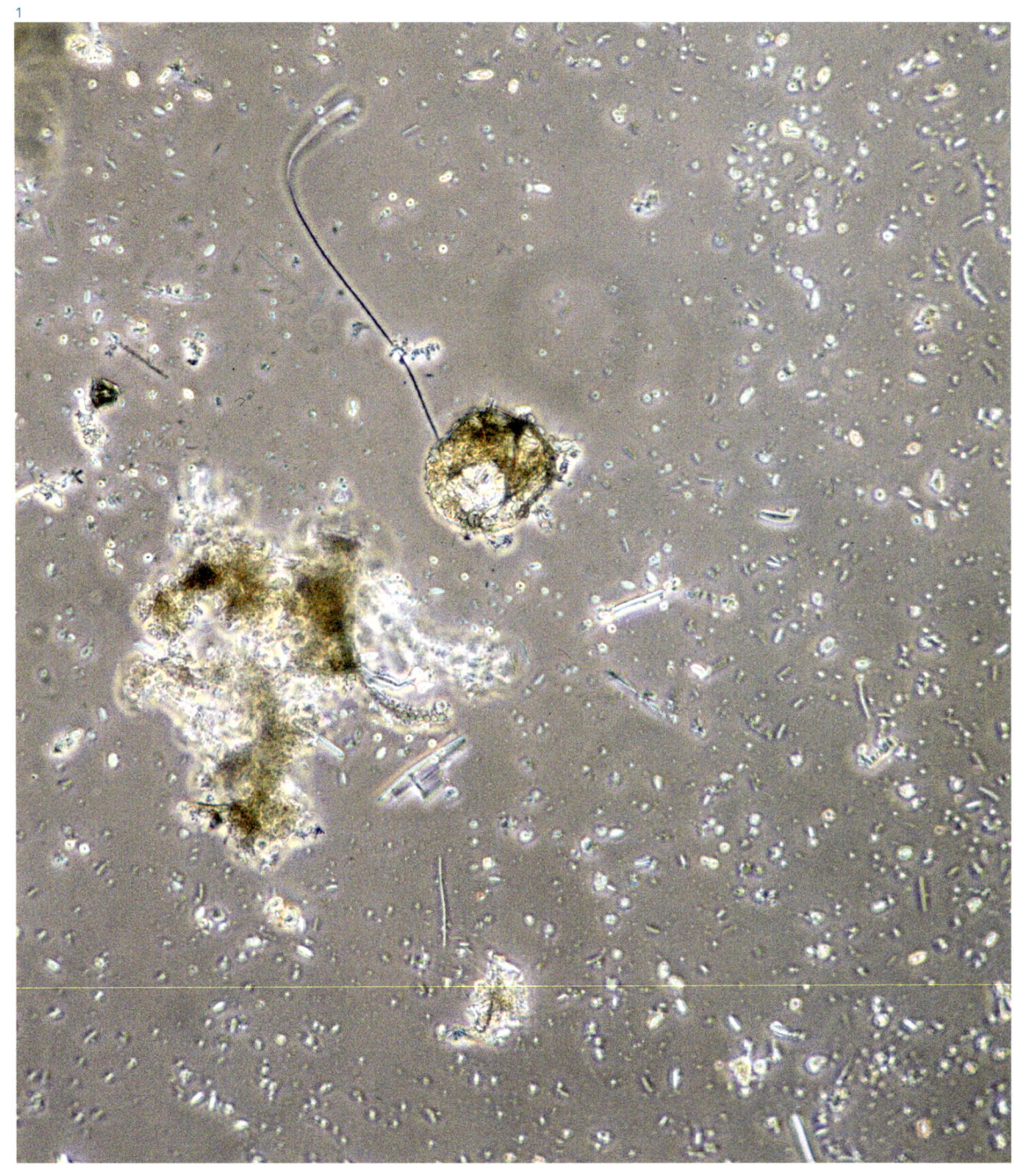

1   Lassohals-Wimpertier
versteckt in einem leeren
Amöbengehäuse

Ein überraschender Soloauftritt

Ich befinde mich in einem Galakonzert der besten Solisten und Musiker. Und da geschieht es. Mitten aus dem Publikum ertönt eine Stimme von reinstem Klang. Zuerst etwas zögernd und dann mit wachsender Sicherheit. Nach kurzer Zeit erkenne ich die unerhörte Virtuosität dieses ungefragt auftretenden Solisten. Alle Blicke sind auf ihn gerichtet. Mit gestrecktem Hals steht er im Mittelgang des Parketts in einem zauberhaften transparenten Gewand, einer bernsteinfarbenen Hülle. Dabei wiegt er langsam den Kopf hin und her – in perfektem Einklang mit dem Gesang – auf einem zuerst normalen, dann immer länger werdenden Hals.

Der gummiseilartige Hals wird lang und länger und schwingt im Takt hin und her.

Kein Zweifel, der bildhübsche Sänger preist sich mit diesem unerwarteten Auftritt selbst an als bester Künstler weit und breit. Welche Unverschämtheit! So viel Eigenlob ist unbescheiden, denke ich bei mir. Oder ist er tatsächlich so absolut talentiert? Erstaunt stelle ich fest, dass sich kaum jemand unter den Zuhörern daran stößt.

Nicht genug damit. Ständig zieht er aus seinem Kragen einen immer noch länger werdenden Hals. Der Kopf wiegt in schwungvollen Schleifen über die Menge des Publikums hinweg und wird in vollendeter Eleganz hin und her geschwenkt. Das ist ja nicht nur einfach Musik, das ist melodiöser Gesang und gekonnter Hals-Kopf-Tanz in einem! Der Hals wird länger und länger – schon

Das Unbewusstsein verzaubert hemmungslos schöne Wünsche und harte Wirklichkeit in glaubhafte Mythen.

benützt er für seinen graziösen, lassoartigen Pendelschwung den gesamten Leerraum des Konzertsaals über den Köpfen der Zuschauer. Nun werden die nach rechts und dann wieder nach links ausholenden Schlaufen immer schneller. Der Kopf auf dem extrem langen und sehr dünnen Peitschenhals erscheint immer kleiner und ist in der Ferne kaum noch zu erkennen.

Doch höchst überraschend und nur einen Sekundenbruchteil später ist der Spuk vorbei. Der Hals wurde blitzschnell und vollständig verkürzt. Der Kopf – wie wenn nichts geschehen wäre – befindet sich wieder in Normallage direkt auf dem bernsteinbraunen Gewand. Das Publikum ist fasziniert und gebannt von dieser überraschenden Soloeinlage. Dröhnender Applaus. Dann «Zu – ga – be – Zu – ga – be!» tönt es im Takt der klatschenden Hände.

Und wieder beginnt das Schauspiel, hör ich den betörenden Zaubergesang und dehnt sich der gummiseilartige Hals des Virtuosen. Das gibt's ja nicht! Denke ich bei mir. Aber ich störe mich nicht im Geringsten an der anatomischen Absurdität dieses Künstlers. Ich erlebe die widersprüchlichsten Dinge als reinste Normalität.

Nach dem Aufwachen bin ich auf eine andere Art in höchstem Masse erstaunt. Ich realisiere, dass mein Unbewusstsein in diesem Traum mit großartiger Kreativität und ohne irgendwelche Rücksicht auf Logik oder Wissenschaftlichkeit zwei getrennte Erlebnisse aus meiner jüngsten Vergangenheit seltsam verknüpft hat. Einerseits meine mikroskopischen Beobachtungen des einzigartigen Wimpertiers Lacrymaria olor und anderseits die Fernsehsendung «Straße der Lieder» vom Vorabend.

Das Aufsehen erregende Verhalten des Lassohals-Wimpertieres mit dem extrem elastischen bis 12-fach körperlangen Hals dient natürlich nicht dem Imponiergehabe wie in meinem Traum. Der winzige, kragenbewimperte Kopf mit dem endständigen Maul an der Spitze des Halses sucht die Umgebung nach Nahrung ab, vor allem nach Bakterien. Der voluminösere, spindelförmige Rumpf, mit seinen spiralig angeordneten Wimperreihen, sitzt meistens in irgendeinem Versteck, zum

Beispiel in der leeren Hülle einer Gehäuseamöbe. (Meine Bezeichnung Gehäuseamöbe statt Schalenamöbe ist treffender. Schale bedeutet Ei-Hülle oder Obst-Schale, Gehäuse dagegen ist eindeutig wie bei den Schnecken.)

Es ist mitten in der Nacht, und meine Gedanken drehen sich noch lange um das Unbewusstsein, den mächtigen Schöpfer so vieler Mythen.

ANIMALCULA INFUSORIA

FLUVIATILIA ET MARINA,

QÚÆ DETEXIT, SYSTEMATICE DESCRIPSIT ET AD VIVUM
DELINEARI CURAVIT

OTHO FRIDERICUS MÜLLER,

REGI DANIÆ QUONDAM A CONSILIIS CONFERENTIÆ, PLURIUMQUE
ACADEMIARUM ET SOCIETATUM SCIENTIARUM SODALIS,

SISTIT

OPUS HOC POSTHUMUM

QUOD CUM TABULIS ÆNEIS L. IN LUCEM TRADIT

VIDUA EJUS NOBILISSIMA,

CURA

OTHONIS FABRICII,

PASTORIS ORPHANOTROPHII REGII HAUN. ET SODALIS SOCC. REG. SCIENT. HAUN.
NATURÆQUE CURIOSOR. BEROLIN.

HAUNIÆ,
TYPIS NICOLAI MÖLLERI, AULÆ REGIÆ TYPOGRAPHI.
1786.

a

2–3

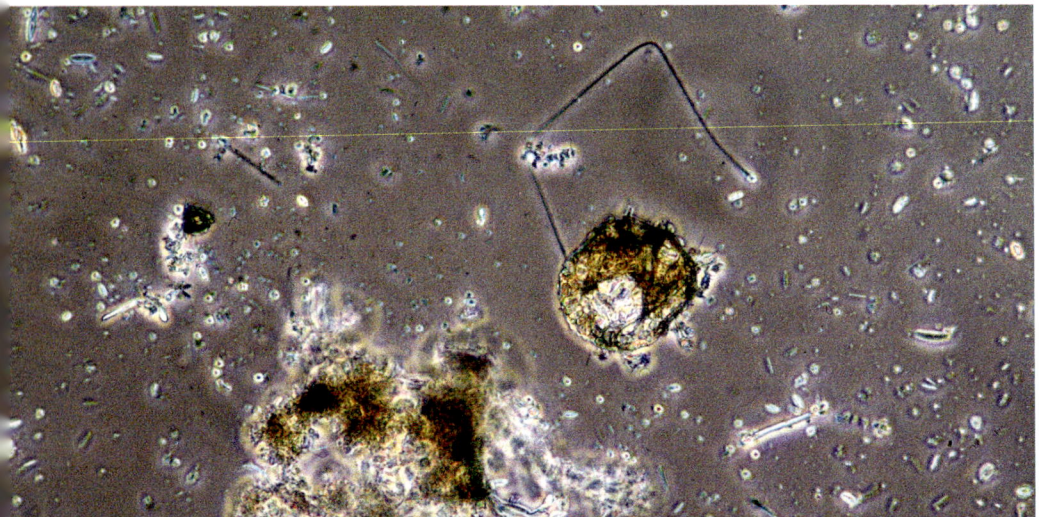

4

Tränen–Rätsel

In der Wissenschaft ist der Name nicht immer aussagekräftig. Die Bezeichnung Lacrymaria olor heißt zu Deutsch etwa Tränenschwan. Im Bestimmungsbuch von Streble und Krauter sind zwei deutsche Bezeichnungen für Lacrymaria olor zur Auswahl angeboten: Tränentierchen und Schwanenhalstierchen.

Wie kam dieses bewundernswerte Wimpertier zu seinem poetischen und tragikomischen, jedoch sehr eingängigen wissenschaftlichen Namen? Dazu findet sich bei Klaus Hausmann et al. (2003) folgender Hinweis: 1786 kam vom dänischen Naturforscher Otho Fidericus Müller (1730–1784) ein erster systematischer Plan für die Infusorien an die Öffentlichkeit. Darin sind neben Protozoen auch Rädertiere und mehrzellige Planktonorganismen enthalten. Jedoch schon 1758 wurde in der 10. Auflage von Carl von Linnés «Systema naturae» die auch heute noch gültige biologisch-wissenschaftliche Namensgebung begründet. Somit stand bei einigen wichtigen Namen von Mikroorganismen O. F. Müller Pate: Euplotes – das Lauf-Wimpertier, Ceratium hirundinella – die schwalbenförmige Hornalge, Bursaria truncatella – das Beutel-Wimpertier und auch unsere Lacrymaria olor. War O. F. Müller ein schlechter Beobachter, oder war er damals vielleicht gerade unglücklich verliebt? Tatsache ist, dass ein Schwanenhals kaum als Vorbild für den Hals von Lacrymaria olor taugt und die Körperform nur bei entsprechender Traurigkeit an eine Träne erinnert.

Ich habe mir erlaubt, unseren Star Lassohals-Wimpertier zu taufen, da ja die deutsche Bezeichnung nach den strengen Regeln der wissenschaftlichen Namensgebung nicht unbedingt an die lateinische gekoppelt sein muss.

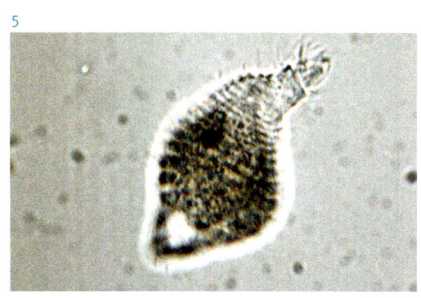

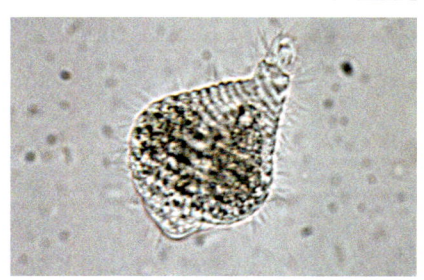

2–3 Lassohals-Wimpertier in Aktion

4 Titelseite von O. F. Müllers Werk «Animalcula Infusoria», 1786

5–6 Lassohals-Wimpertier kontrahiert

7 Lassohals-Wimpertier gestreckt

Geselliger Gruppenauftritt

In einer Knospe der fleischfressenden Unterwasserpflanze Utricularia entdeckte ich eine Wohngemeinschaft von über dreißig elegant den Hals schwenkenden Lassojägern.

Doch am Ende des langen Halses fand ich keinen Kopf mit Wimperkrause. Das andere Ende des Körpers steckte tief im Dickicht und war nicht zu erkennen. Jetzt hieß es, nur nicht aufgeben; man hat ja so seine Tricks. Mit dem Hightech-Objektträger namens «Roto-Kompressor» konnte ich einen sanften Druck auf die Knospenwohnung einwirken lassen. Ich hoffte, damit einige Einzeltiere zum Umzug in eine neue Wohnung bewegen zu können.

Und siehe da, ich hatte Erfolg. Zuerst streckten zwei, drei Wimpertiere ihren Rumpf so aus der Wohnungstüre heraus, dass ich einen Treppenabsatz ihres Körpers an der Halsbasis erkennen konnte. Damit war der Fall für mich klar. Die Ausbuchtung ist das deutliche Maul eines Räubers, der lange, schwenkbare Fortsatz somit kein Hals, sondern ein Rüssel.

Das elegante Hinundher-Schwingen des langen Tastorgans dient dem Wimpertier dazu, mehr oder weniger zufällig Erhaschtes zur Beute zu machen. In der Haut des dehnbaren Rüssels befinden sich kaum sichtbar giftige, bei Berührung explodierende Kapseln. Der Biologe nennt sie Toxizysten.

Deutlicher zu erkennen sind vergleichbare Biowaffen, die sich überall in der Haut des Pantoffeltiers Paramecium befinden. Allerdings dienen diese pfeilartigen Hautgeschosse nicht zum Beutefang, sondern ausschließlich zur Selbstverteidigung. Man nennt sie Trichozysten. Mit Pikrinsäure können sie zur Explosion gebracht werden.

Etwas später kam der Rüsselräuber in seiner ganzen Größe aus dem Versteck heraus, sodass ich weitere Unterschiede zum Lassohals-Jäger Lacrymaria olor erkennen konnte. Es musste sich um das Gänsehals-Wimpertier Dileptus anser handeln, einen nahen Verwandten

meines Solosängers aus dem Traum. Der Rüssel des an-
scheinend geselligeren Gänsehals-Wimpertiers ist nicht
so extrem elastisch dehnbar wie derjenige des Einzel-
gängers Lacrymaria. Der Rumpf ist nicht spiralig ge-
furcht. Das ganze Tier ist größer, ich nenne es Schlangenrüssel-Wimpertier. Ich habe eine neue Bekanntschaft
gemacht.

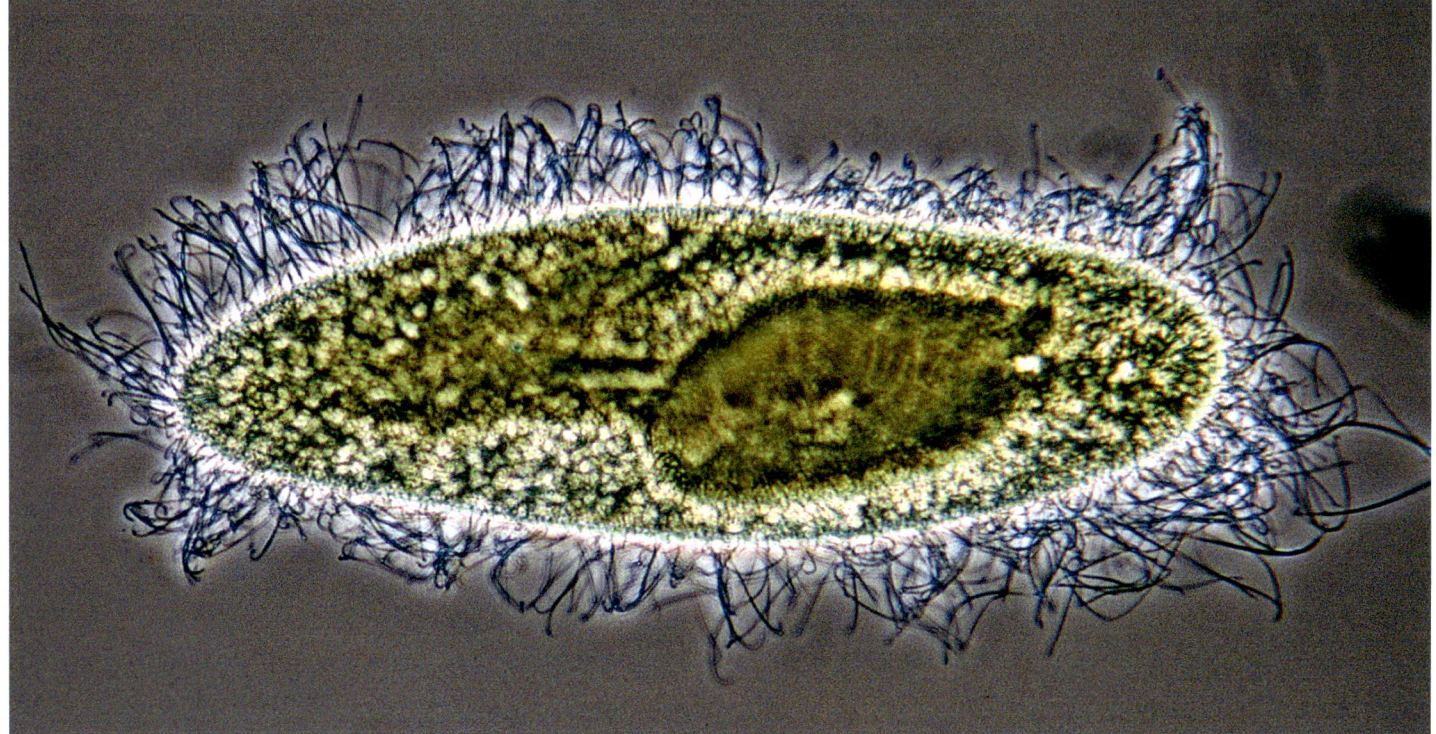

8   Schlangenrüssel-Wimpertier
9   Trichozysten, Detail
10   Pantoffeltier mit explodierten
     Trichozysten

Gen-Puzzle bei Wimpertieren

Die höchstentwickelten Einzeller sind die Wimpertiere. Sie haben zwei Zellkernsorten. Sie haben einen oder mehrere Kleinkerne und einen Großkern, der verschiedene Formen annehmen kann. Der Kleinkern ist für die Generationenfolge zuständig, man nennt ihn generativ. Der Großkern ist für den Stoffwechsel des jeweiligen Individuums verantwortlich, man nennt ihn vegetativ. Ohne Großkern stirbt das Wimpertier ab, sein Stoffwechsel ist tödlich getroffen. Ohne Kleinkerne kann das Tier überleben. Beim Sexualvorgang verwachsen zwei Partner und tauschen in einem sehr komplizierten Vorgang Kleinkernmaterial aus. Der Großkern löst sich vorübergehend auf und wird später aus Kleinkernmaterial neu aufgebaut. Es zeigt sich, dass bei diesen höchstentwickelten Einzellern der Zellkern eine ähnliche Entwicklung erfährt, wie wir sie bereits bei den Zellen eines Mehrzellers angetroffen haben. Der Zellkern spaltet die Keimbahn ab und bringt sie im Kleinkern unter. Ähnliches geschieht, wie wir bereits gesehen haben, mit den Geschlechtszellen der Mehrzeller.

Im generativen Kleinkern sind die Genkopien in zahllose Fragmente aufgesplittert und chaotisch verstreut.
Im vegetativen Großkern sind diese Fragmente ordentlich zusammengefügt und für den Einsatz vorbereitet.

Zwei Kopien der Gene wurden vom aktuellen Stoffwechsel abgekoppelt und lagern nun im Kleinkern, sozusagen im Archiv für künftige Generationen. Der Großkern dagegen ist zum Arbeitskern geworden und enthält mit seinen Genen das aktive Außendienst-Archiv für Stoffwechsel, Wachstum, Bewegung und Zellteilung des Individuums.

Beim Wimpertier Stylonychia lemnae entdeckte Laura Landweber von der Princeton-Universität in New Jersey, dass die Gene im Kleinkern unwahrscheinlich chaotisch aufgesplittert sind. Einzelne Erbfaktoren befinden sich, in mehr als 50 Fragmente aufgeteilt, im Genom verstreut. Diese müssen in der Endphase des Sexualvorgangs beim Neubau eines Großkerns mit hoher Präzision zu funktionsfähigen Einheiten zusammengefügt werden.

Was hat es mit dieser Arbeitsteilung auf sich? Ist sie evolutionärer Ballast oder die Spur vom Chaos zur Ordnung im Archiv der Erbfaktoren? Oder ist sie vielleicht ein Vorläuferphänomen, das auf die vergleichbare Aufspaltung hinweist, die bei den Mehrzellern zwischen Keimbahn und Individuum auftritt? Ein ausbalanciertes Chaos erlaubt mehr Neukombinationen – also mehr Kreativität – als eine straffe Ordnung. Ist der Kleinkern der Wimpertiere vielleicht ein Planungsbüro für kreative Neukombinationen im Genpool?

Wir wissen es nicht. Das Leben ist in diesem Punkt noch geheimnisvoll, obschon wir das Alphabet der Erbfaktorensprache durchschauen. Es braucht noch sehr viel Arbeit, um hinter diesen Buchstaben einen Sinn zu erkennen.

11

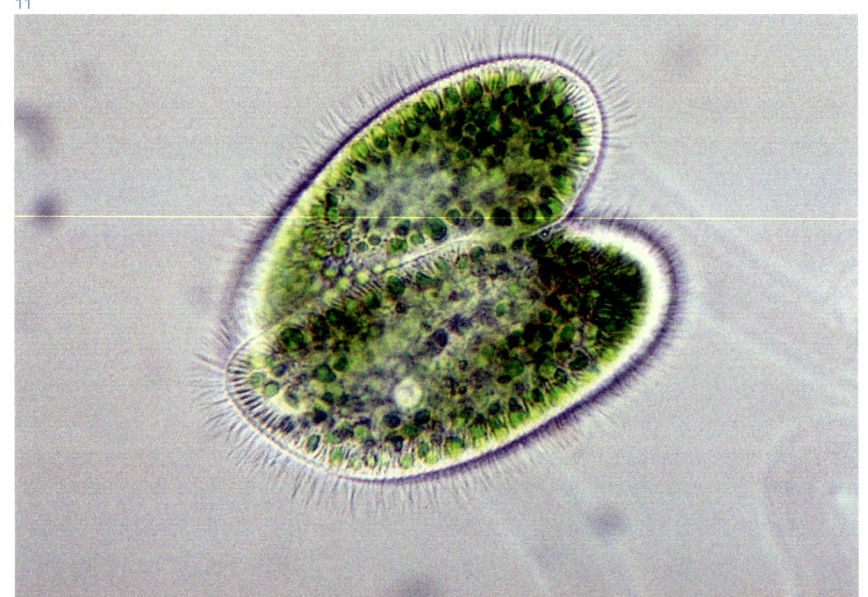

12

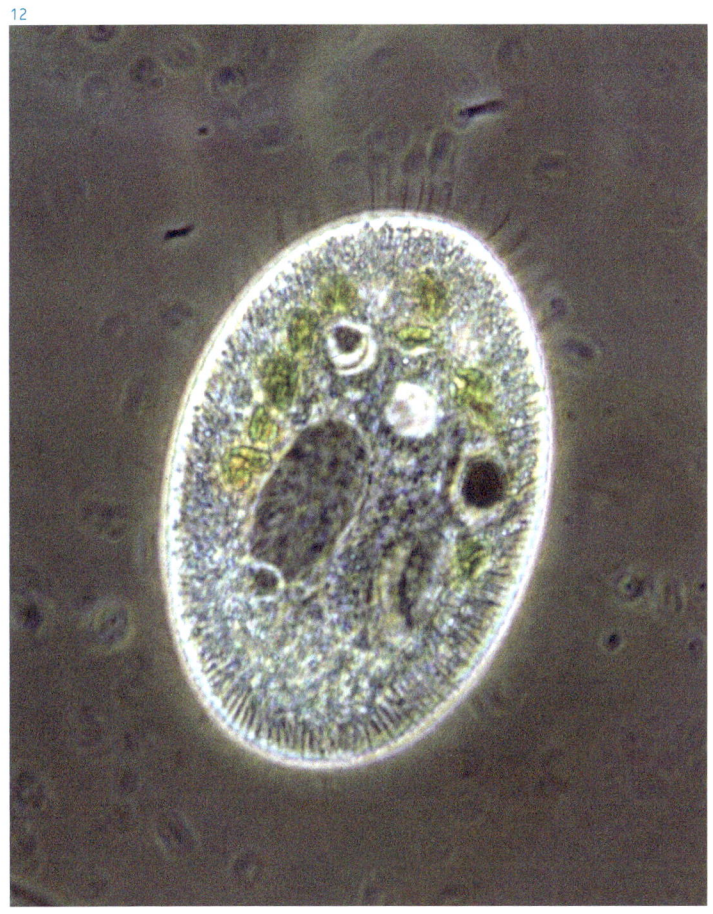

13

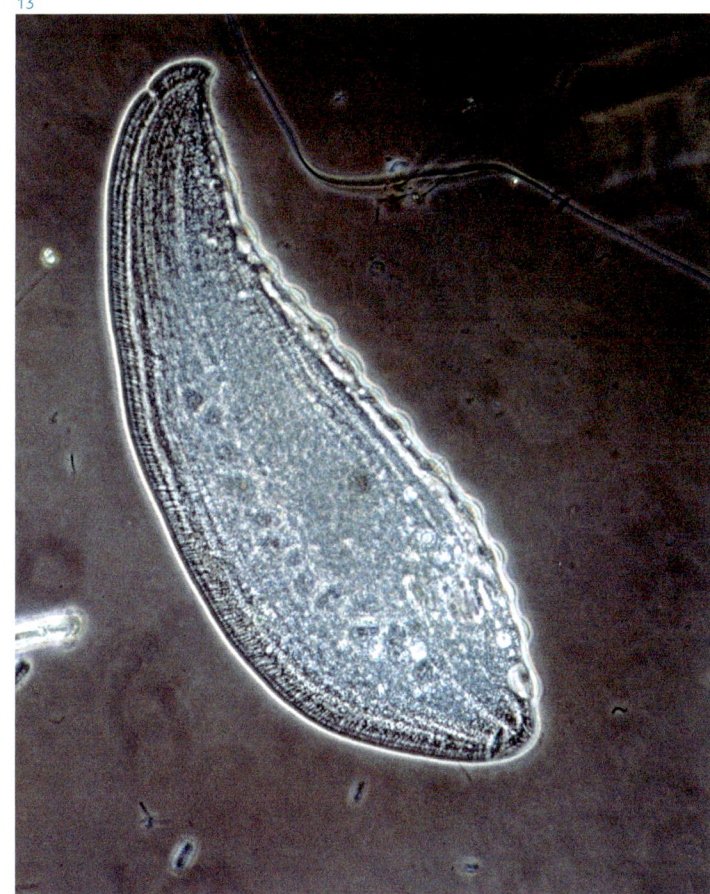

11 Grünes Pantoffeltier in
    Konjugation

12 Schiefmund-Wimpertier
    mit Groß- und Kleinkern

13 Wallendes Blatt – Wimpertier
    mit perlschnurförmigem
    Großkern

Am Computer simuliert

Verwandte sprechen meistens dieselbe Sprache. Diese Binsenwahrheit gilt auch für die biochemische Kommunikation der Zellen. Das haben wir schon bei den sozialen Amöben kennengelernt. Gute Verständigung ist eine unabdingbare Voraussetzung, wenn sich ein Klon zu einer Zellkolonie oder zu einem Vielzeller entwickeln soll.

Warum haben sich identische Einzeller zusammengeschlossen? Welches sind mögliche Gründe für den sozialen Zusammenhalt verwandter Einzeller? Mit dieser Frage befassen sich die Forscher am Institut für Experimentelle Ökologie und Theoretische Biologie der ETH Zürich. Kann man überhaupt Evolutions-Ökologie im Experiment betreiben? Es muss besonders schwierig sein, ein Problem aus längst vergangener Zeit und einer kaum bekannten Umwelt zu lösen. Wie ist es möglich, eine Evolutionsentwicklung ins Experiment zu holen, wenn sie doch eine Milliarde Jahre zurückliegt?

Das bewährte wissenschaftliche Instrument des Vergleichens von Gestalten, wie es bei Carl von Linné mit den Blütenpflanzen und bei Ernst Haeckel mit den Embryonen zum Erfolg geführt hat, hilft in diesem Fall aber nicht weiter. Die Gestalten an der Basis der Evolution unterscheiden sich ja äußerlich nur wenig. Der Vergleich von Stoffwechselprozessen ist vielleicht etwas ergiebiger. Hat der Zusammenschluss zum Mehrzeller Vorteile im Stoffwechsel gebracht? Das Verhältnis Oberfläche zu Volumen verringert sich schließlich beim Zusammenschluss und bei einer Größenzunahme des Zellhaufens.

Ein neuartiger Lösungsansatz der Forscher stützt sich auf den Einsatz von modernen und leistungsfähigen Computern. Der Rechner erlaubt, mit einem entsprechenden Programm Modelle von Lebewesen zu simulieren und ihren Erfolg über beliebig viele Generationen hinweg zu beobachten. Wie beim Schachspiel steht ein begrenztes Feld zur Verfügung. Die Spielregeln berücksichtigen die nachbarlichen Raumverhältnisse, den Nahrungsverbrauch, die Vermehrung, den Tod beziehungsweise den Ausstieg in den Zystenzustand und die Mutationsrate.

Thomas Pfeiffer und Sebastian Bonhoeffer berichten: «Die Cyanobakterien waren gerade daran, die gesamte damalige Atmosphäre der Erde mit Sauerstoff anzureichern, sozusagen zu vergiften. Neben ihnen lebten die frühen Einzeller. Einige besaßen die Fähigkeit, ihre Nahrung wie seit Anbeginn ohne Sauerstoff mithilfe der Gärung zu verwerten. Andere benötigten dazu den Umwelt verschmutzenden neu aufkommenden Sauerstoff. Im Vorgang der Atmung oder Verbrennung verwerteten sie damit ihre Nahrung. Jeder der beiden Prozesse zur Energiebeschaffung hat Vor- und Nachteile. Die Gärung arbeitet schnell, die Energieausbeute ist jedoch gering. Im Gegensatz dazu läuft die Atmung langsamer ab. Sie bringt dafür zehnmal mehr Energiegewinn als die Gärung.

Nun haben wir mit unsern Computermodellen verschiedene Szenarien durchgespielt.

Finden sich vergärende und atmende Einzeller gut durchmischt am selben Ort mit gleichmäßig verteilter Nahrung, dann erhalten die Vergärer die Oberhand, weil sie schneller sind.

Wenn die Nahrung jedoch nicht gleichmäßig verteilt ist, spüren die vergärenden Einzeller bald die nachteiligen Konsequenzen des schnellen Verbrauchs. Die Atmungseinzeller genießen den Vorteil, ihren Nahrungsvorrat lokal langsamer, aber dafür effizienter zu verbrauchen. Die Computersimulationen zeigen nun, dass sich eine räumliche Struktur herausbildet, in der atmende Einzeller von ihresgleichen umgeben sind. Die Atmung beginnt sich auszuzahlen, wenn sich gleich gesinnte atmende Einzeller zu einem Verband zusammenschließen.

Am Computer kann Evolution an Spielorganismen simuliert werden.

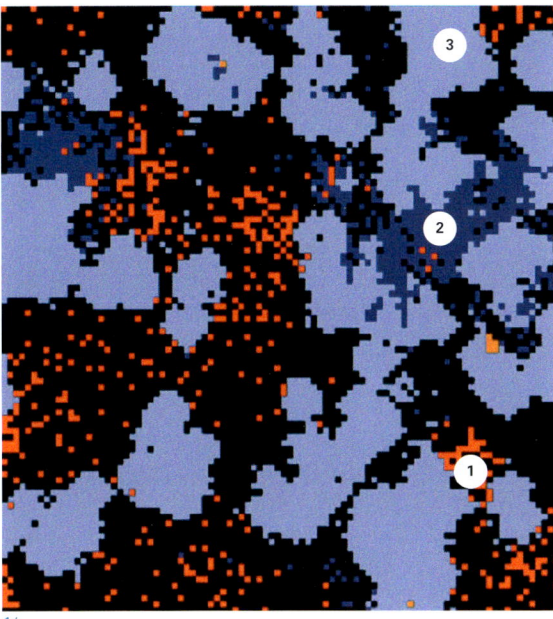

14

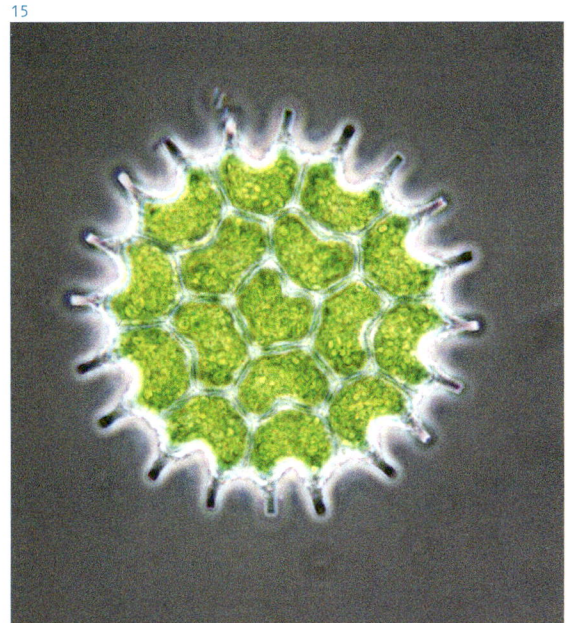

15

16

Wir vermuten nun, dass die erhöhte Energieausbeute, die in Gegenwart von Sauerstoff mit der Atmung erzielt wird, für tierische Einzeller ein Schlüsselfaktor sein könnte für die Entstehung von Mehrzelligkeit. In der Literatur fanden wir mehrere Beispiele, welche unsere Hypothese unterstützen, jedoch keine, welche sie widerlegen.»

Einen Gegensatz zu den soeben besprochenen farblosen Einzellern, welche organische Nahrung suchen und fressen, bilden die einzelligen Algen. Sie beherrschen die Fotosynthese und haben darum kaum Probleme mit der Beschaffung von Lichtenergie. Für ihren Zusammenschluss kennt man noch keine einleuchtende Begründung.

Das Problem des Übergangs von Einzellern zu Mehrzellern hat mit der Computersimulation einen neuen spieltheoretischen Aspekt bekommen. Es ist jedoch noch nicht endgültig gelöst.

14 Computersimulation zum sozialen Zusammenschluss von tierischen Einzellern zu einem Mehrzeller, nach 300 000 Zeit-Schritten: 1 Gärungs-Einzeller (rot), 2 Atmungs-Einzeller (dunkelblau), 3 Anhäufung von Atmungszellen (hellblau)

15—16 Zwei pflanzliche Zellkolonien, Übergänge zum Mehrzeller Abb. 15: Warziges Zackenrad, Abb. 16: Kamm-Kieselalgen-Kolonie

Solidarität nach Insektenart

Vielleicht eröffnet die altbewährte Methode des Vergleichens doch noch einen weiteren Aspekt zur Diskussion rund um die Zusammenschlüsse zu größeren Ganzheiten. Ich denke dabei an die sozialen Insekten. Insbesondere bei den Hautflüglern entwickelten sich aus kleinen Familien mehrmals und voneinander unabhängig hoch entwickelte Sozietäten. Zum Beispiel bilden Hummeln, Wespen, Bienen oder Ameisen Staaten. Es sind jedoch keine Staaten im üblichen Sinn. Insektenstaaten sind Zusammenschlüsse von Nachkommen einer einzigen Familie.

Die Frage lautet: Warum lösten sich die Nachkommen von solitären Hautflüglern eines Tages nicht mehr von der Familie los, um eine eigene Familie zu gründen? Warum blieben sie als Ammen bei ihren Eltern und halfen bei der Aufzucht ihrer Geschwister? Damit gaben sie den Anstoß zur Entwicklung einer Großfamilie, zu einem Insektenstaat.

Auf diese Frage gibt es eine überzeugende Antwort. Der Sozialethologe W. D. Hamilton hat sie gefunden, als er sich für die biologischen Wurzeln des Altruismus interessierte. 1964 berichtete er in zwei genialen Aufsätzen darüber.

Die Staatenentwicklung bei den Hautflüglern ist auf eine Besonderheit der Geschlechtsbestimmung zurückzuführen. Die Männchen entstehen bei diesen Insekten aus unbefruchteten Eiern und besitzen aus diesem Grund nur einen einfachen Chromosomensatz. Sie sind – wie der Biologe sagt – haploid. Alle Spermien haploider Männchen besitzen somit dieselbe genetische Ausstattung.

Ein normales Männchen ist im Gegensatz dazu doppelt programmiert oder diploid. Es besitzt mütterliche und väterliche Gene. Seine haploiden Spermien haben bei der Reduktionsteilung eine komfortable Auswahl von Genen zur Verfügung, sie sind voneinander sehr verschieden.

Haploide Zellen sind einfach, diploide Zellen doppelt programmiert.
Polyploidie heißt das Vorliegen von mehr als zwei Chromosomensätzen pro Zelle.

Nach Darwin und seiner Theorie belohnt die Evolution das einzelne Individuum mit mehr Nachkommen, wenn es besser an die Anforderungen der Umwelt angepasst ist. Das Stichwort heißt «survival of the fittest». Wie aber konnte sich die Selbstlosigkeit bei sozialen Verbänden herauszüchten, wenn doch die fleißigen Bienen unfruchtbar sind? Die Altruismusgene müssen erfolgreich gewesen sein, aber sie konnten ja nicht an die Nachkommen weitergegeben werden, weil diese Bienen gar keine Nachkommen haben. Die auf andere Art fleißige Königin alleine sorgt für die Nachkommenschaft und damit für die Selektion der optimalen Gene.

Dieses Paradoxon der Darwin'schen Abstammungslehre, ein Kernstück der Soziobiologie, knackte Hamilton, indem er den Altruismus unfruchtbarer Gruppenmitglieder mit ihrem Verwandtschaftsgrad verknüpfte. Er konnte zeigen, dass zwischen beiden eine mathematische Beziehung besteht. Der Begriff des Verwandtschaftskoeffizienten r war geboren. «r» steht für Rate und ist derjenige Anteil der Gene, der bei zwei Individuen aufgrund gemeinsamer Abstammung identisch ist. Zwischen Arbeiterinnen ergibt sich ein Verwandtschaftsgrad r von 0,75, während normale Geschwister von diploiden Vätern ein r von 0,5 haben. Je verwandter zwei Mitglieder in einem Insektenstaat sind, desto solidarischer verhalten sie sich zueinander. Für eine Arbeiterin ist es aus der Sicht ihrer Gene vorteilhafter, ihre Schwestern (r = 0,75) aufzuziehen, als selbst Töchter mit einem haploiden Männchen zu zeugen (r = 0,5).

In diesem Fall muss nicht das exponierte, altruistische Individuum mit seinen Genen den Überlebenskampf erfolgreich bestehen. Es sind seine Genkopien in den Geschlechtszellen der geschützten Königin, welche in die Gesamtfitness der Art einfließen. Mithilfe ihrer

17

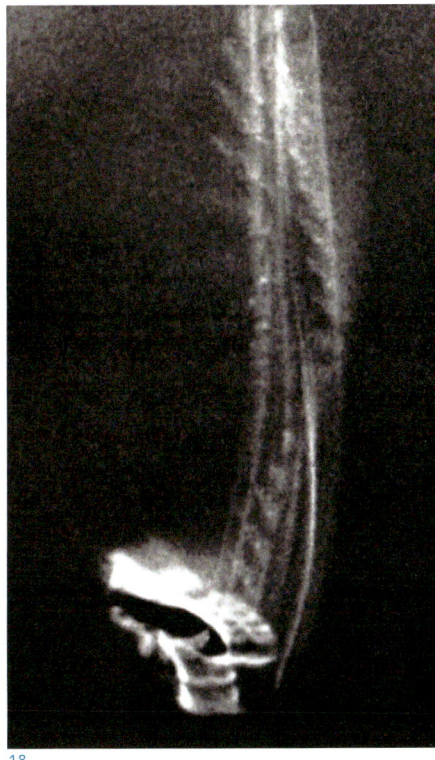

18

Ammen kann die Königin im Innern des Staates sehr viel mehr Eier legen und Nachkommen hervorbringen.

Die altruistischen Arbeiterinnen haben ihre Fortpflanzungsaufgabe vor mindestens 40 Millionen Jahren an die Königin abgetreten und sich für eine Spezialaufgabe frei gemacht. Die Normalfamilie hat sich nach der Entwicklung zum Insektenstaat in zwei spezialisierte Kasten aufgeteilt. Die eine Kaste – verkörpert durch die langlebige Königin – ist für die Generationenfolge verantwortlich und wird zur Trägerin der Keimbahn. Ihre Geschlechtszellen sind potenziell unsterblich. Die andere Kaste führt zur Ausdifferenzierung einer zahlenmäßig überlegenen Pflege- oder Schutztruppe. In dieser Kaste sind die Individuen kurzlebiger und unfruchtbar. Der Insektenstaat bringt nach ersten Erfolgen mehr und mehr spezialisierte Kasten hervor, nicht nur Ammen, sondern auch Wächter, Soldaten, Sammler und Suchtrupps für neue Wohngebiete. Im Fall der Bienen entwickelt sich sogar neben der Duftsprache noch eine Körpersprache mit Schwänzeltänzen, ein einmaliges Phänomen bei den Wirbellosen.

Was bedeuten diese Einsichten nun für den Zusammenschluss von Einzellern zu Mehrzellern? Sie eröffnen uns die Sicht auf eine interessante Parallele. Doch Vorsicht ist angebracht. Analogien zwischen zwei Evolutionsebenen sind äußerst sorgfältig zu handhaben. Sie verführen oft zu falschen Verallgemeinerungen. Eine Beweiskraft kann davon nie erhofft werden, denn allzu komplex sind auf jeder Evolutionsstufe die unzähligen Wechselwirkungen. Mit der Zunahme von Komplexität tauchen oft ganz neue Möglichkeiten auf.

Dennoch wage ich es, unseren Vergleich im Folgenden noch etwas auszubauen. Die sozialen Amöben und die Staaten bildenden Insekten zeigen meines Erachtens auffällige Ähnlichkeiten. Beide besitzen eine arteigene Kommunikation mit biochemischen Signal-

17   Bienen im Anflug, Bewegungsstudie mit 1/10 Sek. im Dunkelfeld der tiefstehenden Sonne vor dunklem Hintergrund

18   Biene vor dem Flugloch, 1/10 Sek.

19

iden Lebensabschnitten wird von Fall zu Fall experimentiert. Die Natur probiert bei den Einzellern alles Mögliche aus. Vieles davon ist überhaupt noch nicht erforscht. Was sich im Genom der Kolonie bildenden Pionieren der Mehrzelligkeit im Einzelnen abgespielt hat, wissen wir noch nicht.

Es mag unter diesen Umständen erlaubt sein, etwas zu spekulieren. Könnte es sein, dass die Natur bei den diversen Übergängen von Einzellern zu Mehrzellern einen ähnlich erhöhten Verwandtschaftskoeffizienten unter den Zellen hervorgebracht hat, wie das bei den sozialen Insekten zwischen den Kastenmitgliedern der Fall ist? Könnte der Zusammenhalt in einer Zellkolonie ebenso auf erhöhter Solidarität unter Verwandten beruhen, wie das bei den sozialen Insekten erwiesen ist? Dann wäre dies eine weitere Ursache für die Entstehung der Mehrzelligkeit mit ihrer arbeitsteiligen Spezialisierungstendenz. Und diese Ursache wäre rein genetischer Natur.

stoffen. Die einzelnen Amöben von Dictyostelium discoideum verständigen sich – wie wir gesehen haben – neben anderen Signalstoffen mit dem flüssigen Hilferuf cAMP. Die Mitglieder von Staaten bildenden Insekten sprechen die biochemische Duftsprache der artspezifischen sogenannten Pheromone.

Soziale Amöben und soziale Insekten zeigen Ähnlichkeiten: Beide kommunizieren mit Signalstoffen. Beide entwickelten Verwandtenverbände. Beide schafften Effizienz durch Arbeitsteilung.

Eine zweite Parallele ist noch bemerkenswerter. Beim Schleimpilz spalten sich die beiden Aufgaben, Keimbahnpflege einerseits und Ausbildung einer Helfertruppe andererseits, ebenso auf wie bei den Staaten bildenden Insekten: hier die Sporen und altruistischen Stielzellen, dort die Königin mit ihren selbstlosen Ammen. Für die Entstehung der Solidarität bei Insekten gibt es allerdings eine überzeugende genetische Erklärung. Die Entstehung der Solidarität bei Amöben jedoch ist noch ein Rätsel.

Nun gibt es bei Einzellern keine haploide Männchen, die aus unbefruchteten Eiern hervorgegangen sind wie bei den Hautflüglern. Die Einzeller besitzen ja noch keine Eier und Spermien. Aber auch Einzeller, ja bereits die kernlosen Prokaryoten, kennen geschlechtsspezifische Unterschiede in ihrem Protoplasma. Das ganze Chromosomenballett mit den komplizierten Genaustausch-, Geschlechtsbestimmungs- und Weitergabeprozessen ist auf der Einzellerstufe noch nicht gefestigt. Mit dem Phasenwechsel zwischen haploiden und diplo-

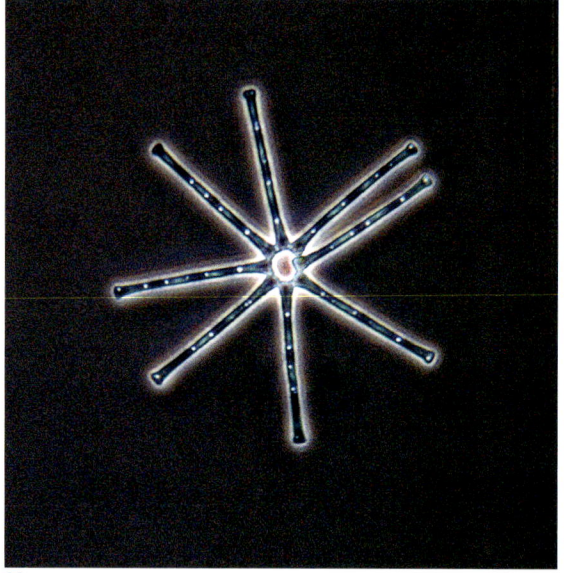

20

Sesshaft auf fester Unterlage

Es gibt unter den Süßwasser-Mikroorganismen keine Arten, welche so hoch entwickelte Sozietäten hervorgebracht haben, wie wir sie von den Insekten kennen. Aber dennoch treffen wir immer wieder auf Gruppierungen sehr vieler Individuen auf kleinstem Raum.

Welches sind die Ursachen für die Anhäufung von Mikroorganismen im Süßwasser? Es könnten auch ganz banale Beweggründe sein. Aber man darf in diesem Zusammenhang mit dem Ausdruck «banal» nicht automatisch eine unzulässige Abwertung der Lebensart verbinden. Denn gerade ganz einfache Lösungen sind im Glücksspiel des Lebens oft die großen Treffer.

Sesshaftigkeit, beschränkte Mobilität, ist eine weitere Ursache für soziale Gruppierungen.

Ich denke vor allem an die Moostiere und einige Rädertierarten, aber auch an Kieselalgen, Wimpertiere und Flagellaten. Sie leben in dichten Gruppen, weil sie ein sesshaftes Leben pflegen oder weil sie sich in einem Schleimmantel schützen und dadurch nach ihrer Vermehrung eng zusammenbleiben.

Ein solcher Zusammenschluss erscheint vorerst eher zufällig, ja sogar nachteilig zu sein, besonders dann, wenn das Futter knapp wird. Doch daraus können auch neue Chancen erwachsen. Das Kugel-Rädertier Conochilus bildet eine schwimmende Kolonie und gewinnt so neue Bewegungsfreiheit. Der Stielchenflagellat Codosiga botrytis spart durch Zusammenschluss mit seinen Artgenossen Material für die Stielbildung, eine Gruppe benötigt nur noch einen Stiel.

Aber nun zu den Moostieren. Sie gehören zu den eindrücklichsten Begegnungen im Wassertropfen. Der lebende Mikrorasen mit bewegten und gelegentlich blitzschnell eingezogenen Tentakelkronen weckt die Sehnsucht nach vergleichbaren Bildern aus dem fernen Wunderland eines Korallenriffs. Im Süßwasser sind Moostiere oder Bryozoen eher selten. Von den rund 5000 heute erfassten Arten leben nur etwa 50 im Süßwasser. Bei den Rädertieren ist das Zahlenverhältnis umgekehrt. Von ihnen leben nur ungefähr 50 Arten im Meer, alle übrigen der ca. 2000 Arten findet man im Süßwasser.

Es ist nicht einfach, eine intakte lebende Moostier-Kolonie zu Gesicht zu bekommen. Dazu müsste man im Sommer schnorchelnd oder gar mit einer Taucherausrüstung und einer guten Handlupe unter Wasser auf die Suche gehen. Das Planktonnetz hilft hier nicht weiter. Der Käscher zerstört den Fund. Vielleicht hat man noch am ehesten Erfolg, wenn man abgetauchte Schilfhalme kappt und genauer untersucht oder mit einem Apfelpflücker sorgfältig Steine vom Untergrund heraufholt.

27

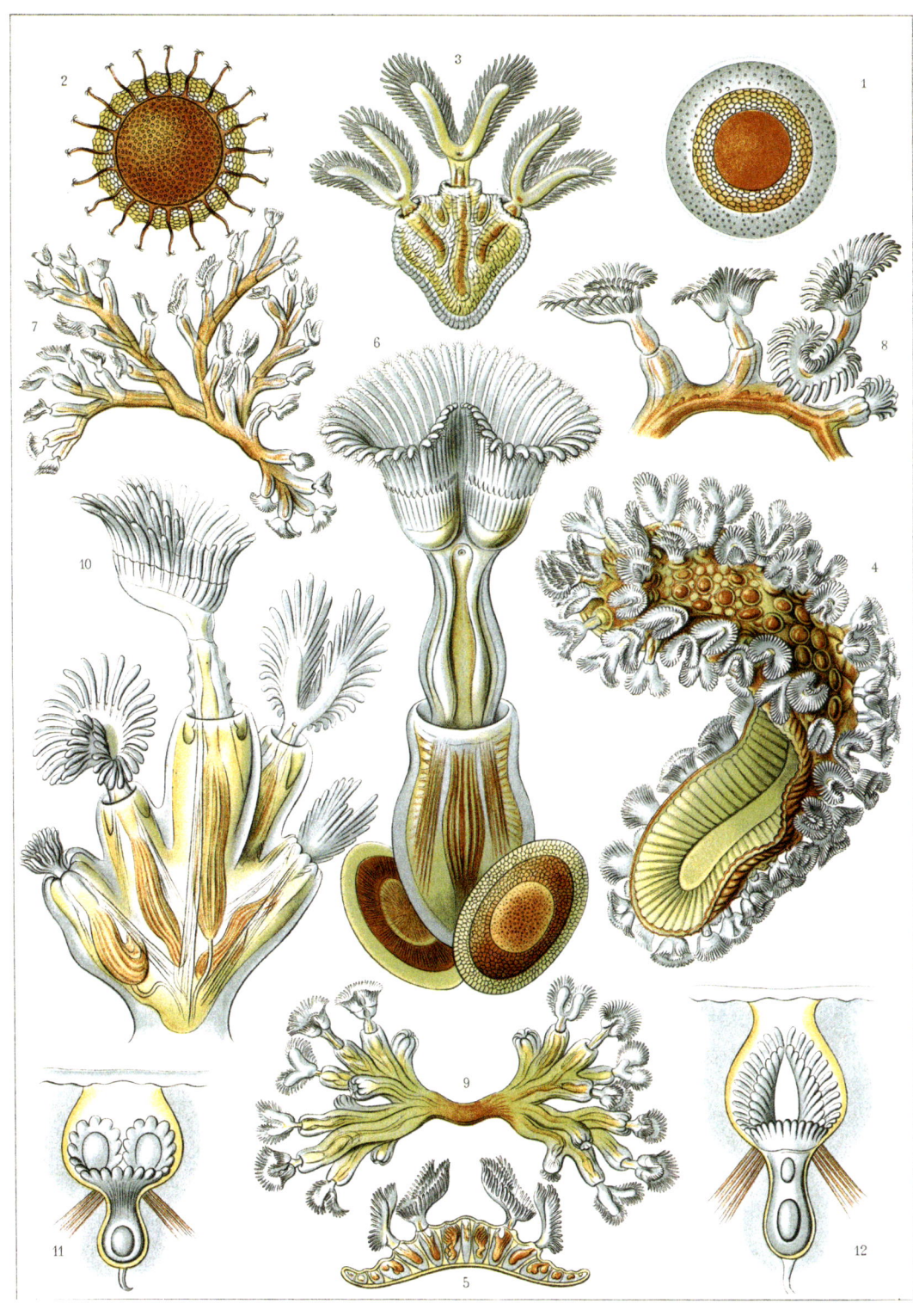

29

Moostiere bilden auf ihrer Unterlage sehr verschieden große Krusten, Rasen oder verzweigte Bäumchen aus. Sie verlassen ihre Gehäuse nie. Einige Arten steigen bis auf den Grund der Gewässer hinab, manchmal 50, 100 oder gar 200 Meter tief.

Zum ersten Mal in meinem Leben hatte ich eine solch seltene Begegnung, als ich mit Professor Hartmut Arndt auf einem ausgedienten verankerten Frachtschiff das schwimmende Hightech-Labor der Universität Köln besuchen konnte. Dort hatte der Flagellatenspezialist das fließende Rheinwasser ins Schiffslabor geholt. In einer Strömungsrinne mit rasch fließendem Wasser entwickelte sich eine wunderschöne Moostierkolonie, die man bequem mit der Binokularlupe beobachten konnte. Es war ein faszinierender Anblick.

Eine einfachere Möglichkeit, Moostiere zu beobachten, ergibt sich, wenn man im Planktonnetz ihre frei schwimmenden Überwinterungs- und Verbreitungsorgane – die Statoblasten oder Flottoblasten – findet. Im Spätsommer entwickeln die absterbenden Kolonien massenhaft mehrzellige und gut geschützte Dauerknospen. Im Frühling hat man gute Chancen, einige davon

zu finden, besonders jene, welche an der Oberfläche treiben, weil sie mit einem luftgefüllten Schwimmgurt ausgerüstet sind. Wenn man Glück hat, gelingt es, sie beim Auskeimen und bei der Gründung einer neuen Kolonie zu beobachten.

Am Schluss dieses Kapitels möchte ich noch auf einen weit verbreiteten Irrtum hinweisen. Es ist mit der Größenzunahme nicht so, wie unser planender Verstand es gerne haben würde. Der amerikanische Paläontologe Stephen Jay Gould hat ausführlich darüber berichtet. Er hinterfragte das Wort «Trend» und kam dabei zur Überzeugung, dass es in der Evolution keinen eigentlichen Trend zur Größenzunahme gibt. Das Größerwerden sei daher pure Notwendigkeit.

Das Leben entstand in den kleinsten Dimensionen und breitete sich erfolgreich in alle Richtungen aus, eine Ausbreitung in atomare Dimensionen war allerdings nicht möglich. Darum entwickelten sich die komplexeren Lebewesen mehr und mehr von den schon besetzten Gebieten weg. Gould betrachtet das Auftreten größerer Ganzheiten als Zwang zur Ausnützung des begrenzten Lebensraumes.

Es gibt keinen gerichteten Fortschritt in der Evolution, wie wir uns das immer wieder vorstellen. Doch warum denken wir eigentlich so? Weil wir die seltene Fähigkeit besitzen, aus unseren Erfahrungen Schlussfolgerungen zu ziehen. Wir Menschen können zielsicher vorausschauen und unsere Zukunft planen. Der Strom des Lebens kann das nicht. Die Erfolge des Lebens liegen nicht auf einer pfeilförmigen Achse mit dem Menschen an der Spitze. Die glücklichen Zufälle im Lebensstrom leuchten wie Irrlichter auf, einmal da und einmal dort, ganz so wie Treffer in der Lotterie.

Erfolgreiche Mehrzeller

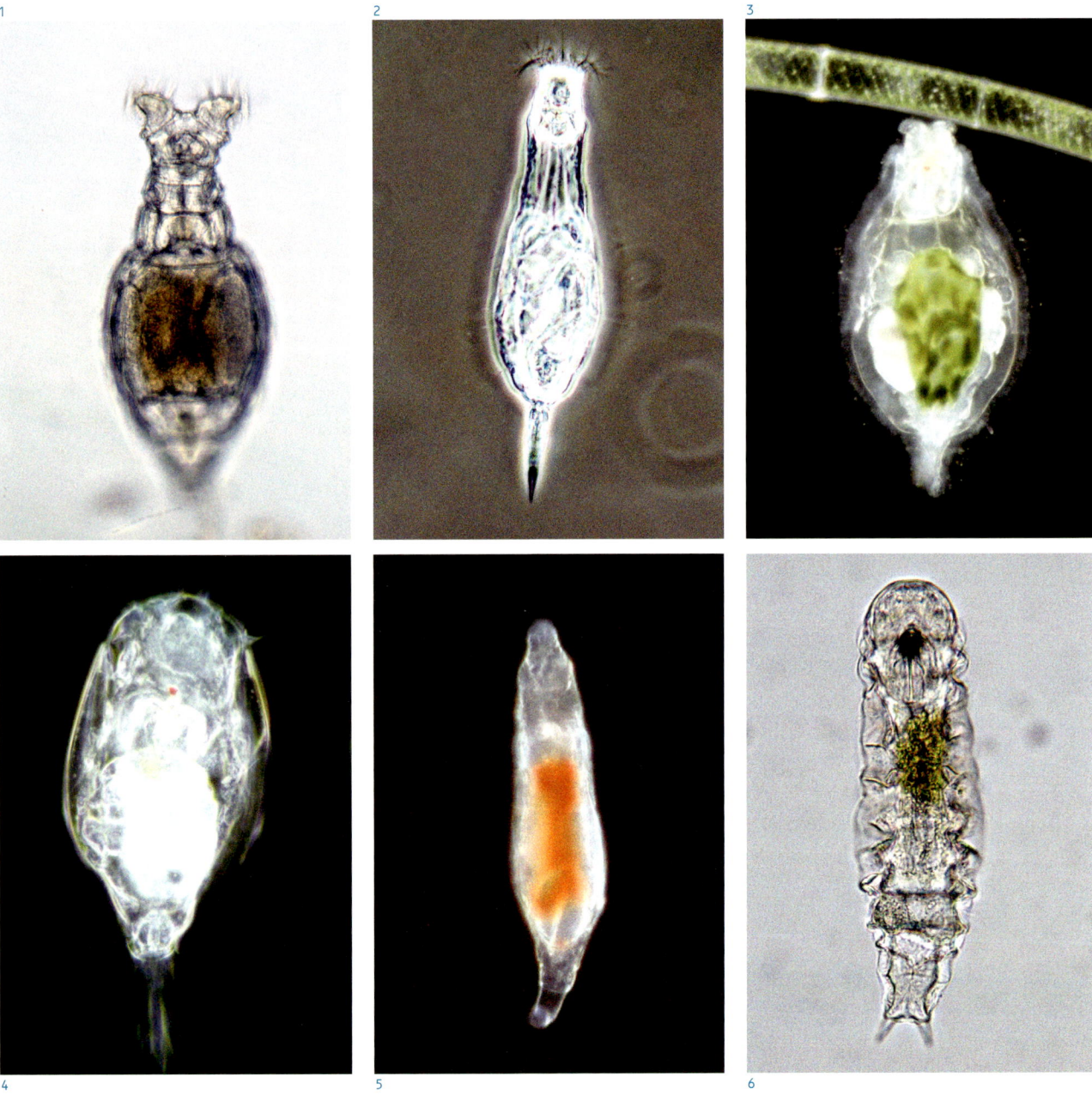

Sehr viele verschiedene Rädertiere

Erinnern wir uns daran, dass alle Einzeller welche -tiere genannt werden, zum Beispiel das Pantoffeltier oder das Trompetentier, im heutigen Sinne keine Tiere sind, sondern Protisten oder Protoctista. Echte Tiere sind immer Mehrzeller, die sich aus einem Bläschenkeim entwickelt haben. Die Rädertiere sind die häufigsten und allgegenwärtigsten echten Tiere im Plankton des Süßwassers. Das spricht für eine sehr erfolgreiche Gattung. Nun frage ich mich, welches sind wohl die Ursachen für diesen Erfolg?

Meines Erachtens liefern die Rädertiere den lebendigen Beweis dafür, dass die Erfindung der Mehrzelligkeit erfolgreich war und einen neuen Evolutionsschub einleiten konnte. Beim viel früheren Übergang von den kernlosen zu den kernhaltigen Einzellern wurde der Innenraum einer Zelle in immer kleinere Kammern unterteilt. Es entstanden zahlreiche Zellorgane oder Organellen, zum Beispiel der zentrale Kern, die verschiedenen Vakuolen, der Speicher für Ausscheidungsprodukte und anderes mehr.

Die im Süßwasser so erfolgreichen Rädertiere sind wohl die kleinsten Mehrzeller überhaupt.

Eine ähnliche räumliche Unterteilung entstand viel später auch im Innern der Mehrzeller. Es bildeten sich innere Organe, der Magen-Darm-Trakt, ein Gehirn, Nieren, Drüsen und Muskeln. Erst in zweiter Linie hat die Mehrzelligkeit eine Größenzunahme bewirkt. Größe allein kann in der Evolution wohl kaum Erfolg garantieren. Das zeigen uns die ausgestorbenen riesigen Saurier.

Vielleicht ist neben der Mehrzelligkeit auch die Kleinheit ein Grund für den evolutionären Erfolg der Rädertiere. Sie gehören zu den kleinsten Vielzellern überhaupt. Nicht selten sind sie mit ihrer Größe von 0,04 bis 0,5 mm noch kleiner als manche Einzeller. Sie haben rund 1000 Zellen. Etwas seltsam mutet es uns an, dass jede Rädertierart eine konstante Zellzahl besitzt und zwar schon beim Ausschlüpfen aus dem Ei. Das spätere Wachstum ist also nie mit einer Zellteilung verbunden.

Wir wissen schon, dass sich Rädertiere bei günstigen Lebensbedingungen ohne Männchen mit unbefruchteten Eiern explosionsartig vermehren können. Möglicherweise ist auch die Vermehrung durch Jungfernzeugung ein Grund für ihren Erfolg. Oder ist es vielleicht ihr gelegentliches Talent, Dürrezeiten in einem Trockenschlaf zu überleben? Bis heute sind keine fossilen Rädertiere entdeckt worden, obschon einige mit einem recht dicken Chitinpanzer geschützt sind. Sie müssen sich nicht häuten. Es scheint, dass sie von strudelwurmähnlichen Vorfahren abstammen, denn sie haben wie diese auch Wimpern, meist rote, schöne Pigmentbecheraugen, einen Schlund und Nierenorgane in der Form von Wimperflammenzellen.

Für den Mikroskopiker ist es von ganz besonderem Reiz, dass Rädertiere meist hoch transparent sind. Im Innern erkennt man deutlich ein mehr oder weniger regelmäßig pulsierendes Organ. Auf Anhieb wird es meistens als Herz gedeutet. In Wirklichkeit ist es ein kräftiger Kaumagen. Herz, Blut- und Atmungsorgane fehlen wie bei den Strudelwürmern. Diese Organe sind aus Gründen der Kleinheit überhaupt nicht nötig. Ich erinnere daran, dass das kleine Dorf Seldwyla ja auch noch keine Untergrundbahn braucht.

Ihre Vielfalt ist wahrhaftig beeindruckend. Sie ist die Folge der Anpassung an verschiedenste Lebensräume und Nahrungsangebote. Als Biotope kommen neben allen größeren Gewässern auch feuchte Moose und mit Wasser gefüllte Stein- oder Baumhöhlen in Frage. Auch Spalträume in feuchten Wald-, Wiesen- und Ackerböden dienen ihnen als Lebensraum.

Das Nahrungsspektrum reicht von Bakterien über kernhaltige Einzeller bis zu anderen Rädertieren und sonstigen Kleinstnahrungsteilchen. Rotatoria sind je nach Art wenig bis sehr wählerische Strudler oder Weidegänger, räuberische Beutegreifer, schädliche Parasiten

1   Moos-Rädertier
2   Unbestimmtes Rädertier
3   Schmarotzer-Rädertier
4   Zipfelpanzer-Rädertier
5   Spanner-Rädertier
6   Raupen-Rädertier

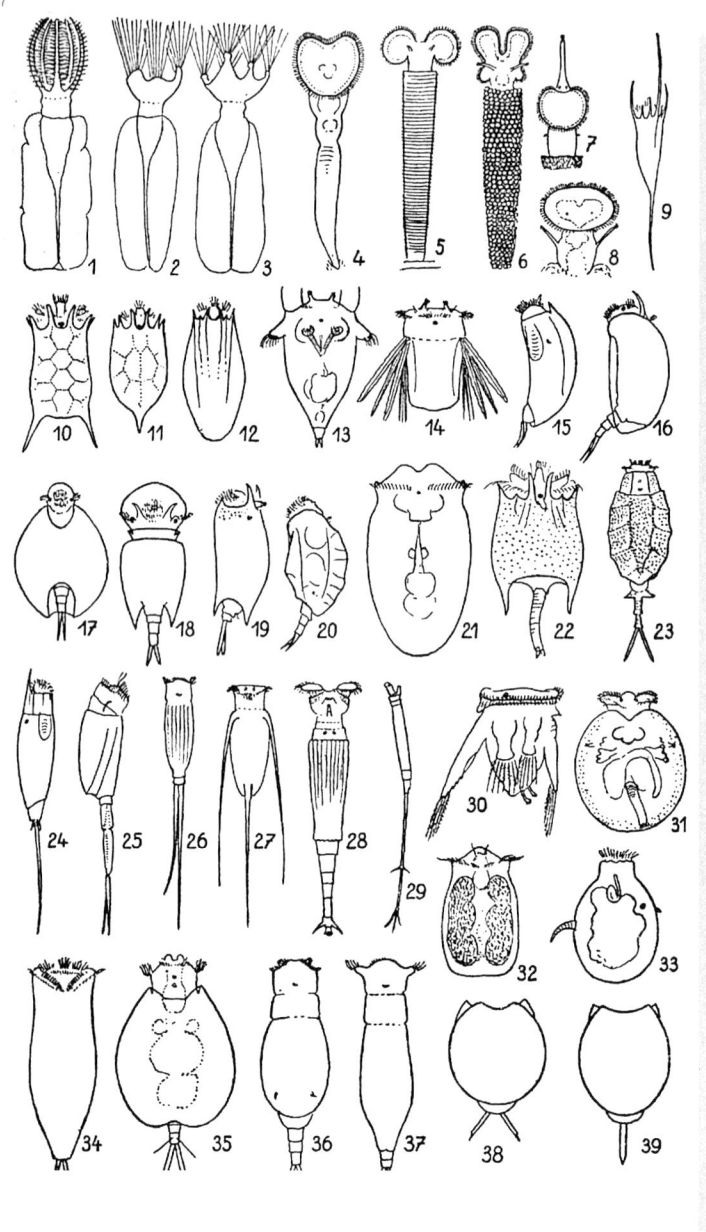

im Innern von Kugelalgen, belanglose Mitesser, Stech-sauger oder patrouillierende Tunnelbewohner in selbst gebauten Röhren. Oft sind sie auf ihre bevorzugte Nah-rung spezialisiert.

Das Räderorgan entstand ursprünglich aus einer Wimperscheibe, die den Mund umgibt, und einem kom-plexen Wimperband in der Kopfregion, das bei den verschiedenen Arten äußerst vielfältig umgestaltet wurde. Am hinteren Ende befindet sich meist ein un-paarer Fuß mit Zehen, eine Haftplatte oder eine Kuppe

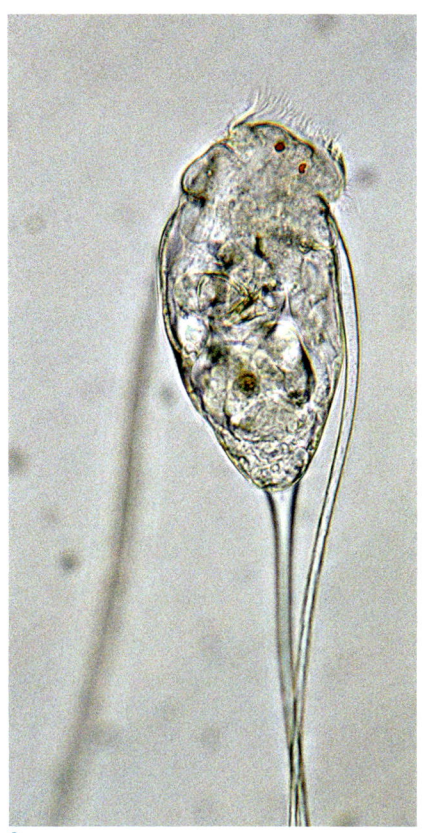

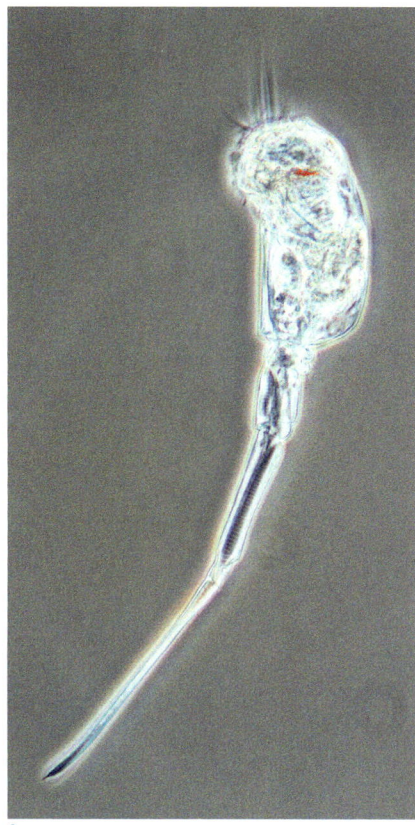

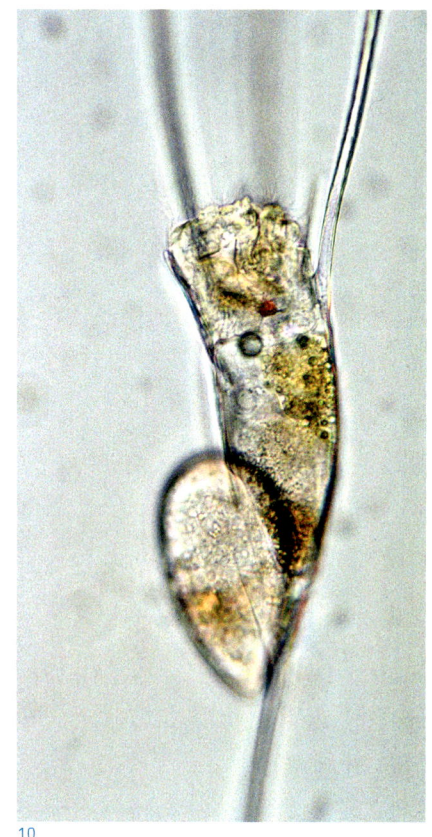

8

9

10

mit Wimpern. Darin eingebettet liegt eine Fußdrüse mit Klebesekret. Bei einigen Arten dienen schwert- oder ruderartige Körperanhänge oder Springborsten als Retter in der Not.

Andere haben starre Fortsätze als Schwebehilfen. Der gesamte Rumpf kann mithilfe einer reichhaltigen Ring- und Längsmuskulatur teleskopartig zusammengezogen oder gekrümmt werden. Als Gegenspieler aller Muskeln wirkt der Innendruck der Leibeshöhlenflüssigkeit. Mit dieser Ausrüstung sind erstaunlich viele

charakteristische Fortbewegungsarten möglich. Es gibt zum Beispiel spiralspurige Freischwimmer, langsame Schweber, Strudler mit Weitsprung bei Gefahr, Geher nach dem Spanner-Buckel-Prinzip, strudelnde Kriecher, stelzende Knickfüßler oder Schildkrötenförmige mit einem Fuß als Steuerorgan. Das sind jedoch noch lange nicht alle Möglichkeiten.

7   Vielfalt der Rädertiere
8   Springborsten-Rädertier
9   Springfuß-Rädertier
10 Einhorn-Rädertier mit Ei

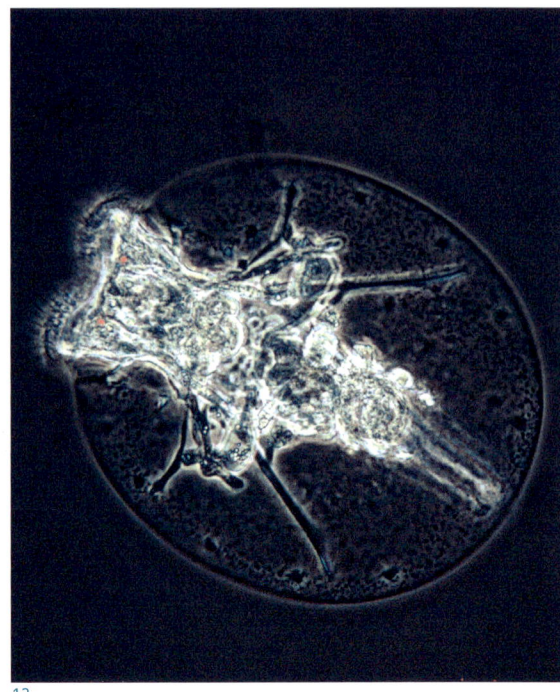

11

12

Außerdem gibt es die besonders attraktive Gruppe von sesshaften Strudlern, die ihre Nahrung mit einer selbst erzeugten Wasserströmung heranholen. Viele von ihnen besitzen einen Köcher zum Beispiel aus Gallerte oder kunstvoll gedrehten Pillen, in dessen Schutz sie sich bei Gefahr blitzschnell zurückziehen.

Die sesshaften Strudler leiten zu den Fallenstellern über. Es sind ruhig abwartende und entsprechend langlebige Arten, welche ihre Wimpern zu einem Strauß sehr feiner Strahlen umgeformt haben. Dieser bildet ein heimtückisches Labyrinth für kleinere Einzeller. Die Beute verfängt sich in diesem Schopf feinster Finger und wird mit gezielten Knick- und Spickbewegungen in den Gaumen befördert. Dort erfolgt die Prüfung auf Genießbarkeit, bevor verschluckt wird.

Das alles muss man live oder im Film erlebt haben, um das Volk der Rädertiere zu verstehen. Ich kenne keine andere Tiergruppe, welche mit einer solch überwältigenden Formen- und Bewegungsvielfalt aufwarten kann. Weder die Würmer noch die Wasserflöhe oder gar die zahlreichen Wasserinsektenarten sind in dieser Beziehung mit den Rädertieren vergleichbar.

Die Rädertiere zeigen eine erstaunliche Bewegungsvielfalt, obschon sie keine Räder haben.

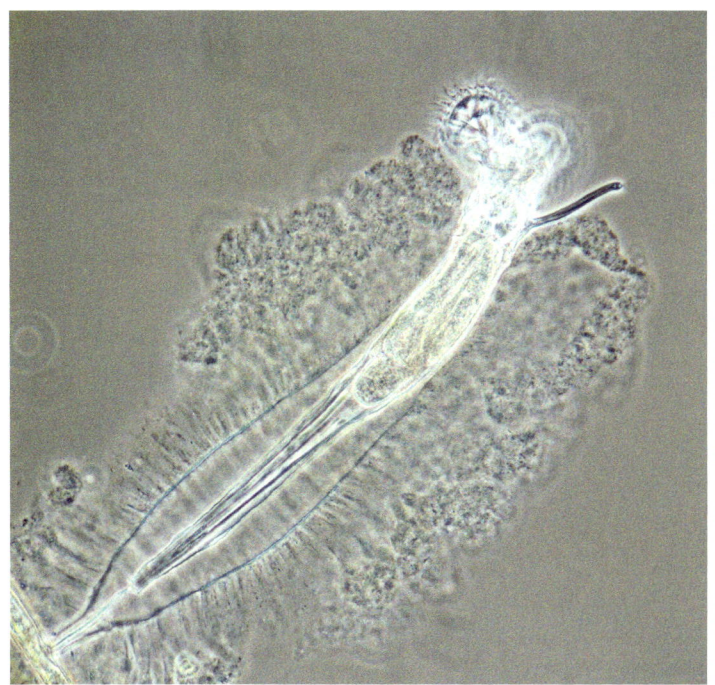

13

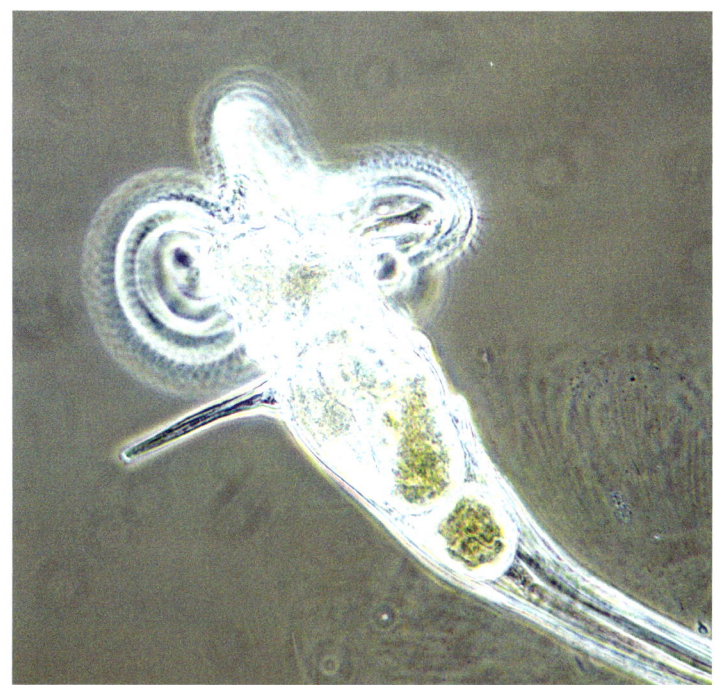

14

15

16

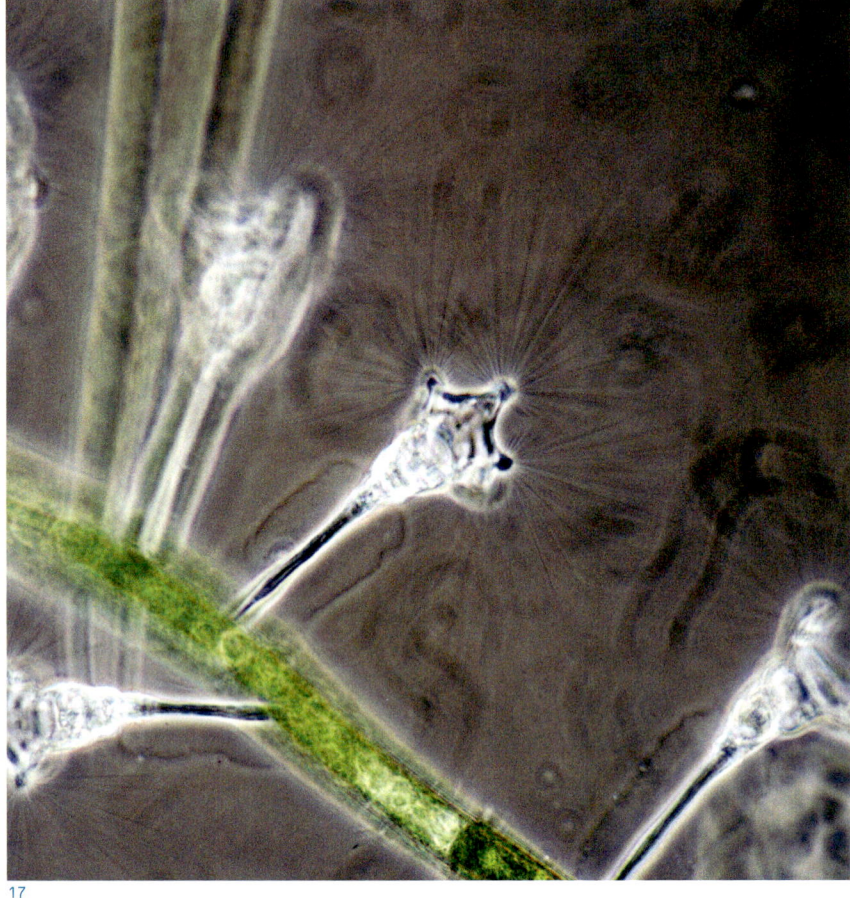
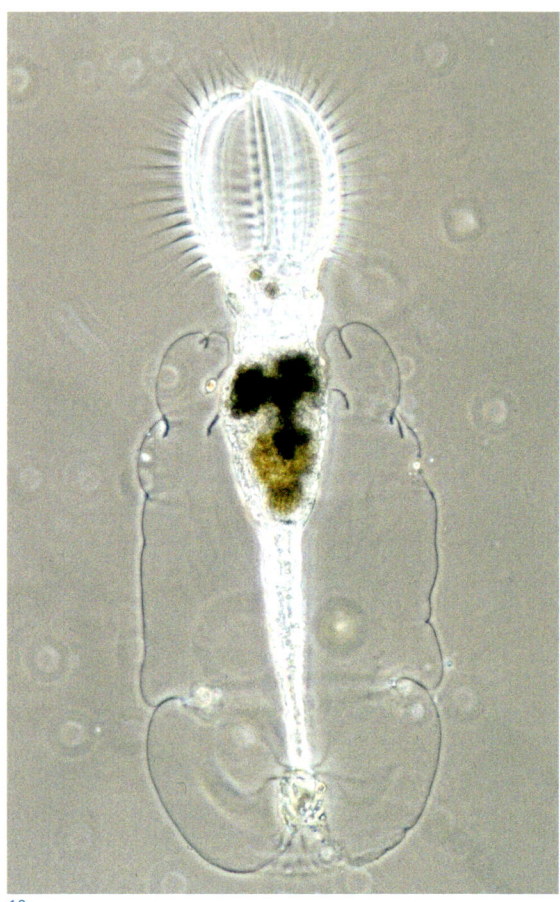

17

18

17   Reusen-Rädertier
18   Fransenkronen-Rädertier
19   Schuppen-Bauchhärling
20   Sohlen-Bauchhärling
21   Bauchhärling, Seitenansicht

Bauchhärlinge sind Einzelgänger

Mit den Rädertieren haben die flinken und wendigen Bauchhärlinge einiges gemeinsam. Auch sie sind winzige Mehrzeller mit einer artkonstanten Zellenzahl. Auch bei ihnen erfolgt die Vermehrung praktisch ohne Männchen. Im Gegensatz zu den Rädertieren legen die Bauchhärlingsweibchen des Süßwassers in ihrem gesamten Leben jedoch nur höchstens fünf, relativ große Eier. Außerdem gibt es bei ihnen zwei verschiedene Sorten von Eiern. Die eine, mit dünner Schale, beginnt unmittelbar nach der Ablage mit den Furchungsteilungen. Die andere ist für die Weiterentwicklung darauf angewiesen, sehr ungünstige Bedingungen wie Kälte, Wärme oder Trockenheit zu ertragen. Es erstaunt daher nicht, dass Bauchhärlinge trotz Jungfernzeugung mit ihrer sehr bescheidenen Vermehrungsrate eher als Einzelgänger angetroffen werden.

Als ich zum ersten Mal einen Bauchhärling mit einer spitzen Pipette aus der Petrischale aufsaugen und auf den Objektträger umbetten wollte, erlebte ich eine interessante Überraschung. Der kleine, abgeflachte Kerl ließ sich partout nicht von der Unterlage abspülen. Er konnte sich außerordentlich gut an der Petrischale festhalten, und ich hatte das Nachsehen.

Später erfuhr ich aus der Literatur, dass Bauchhärlinge vor allem in der hinteren Körperhälfte mindestens zwei, bei bestimmten Arten jedoch bis zu 250 Haftröh-

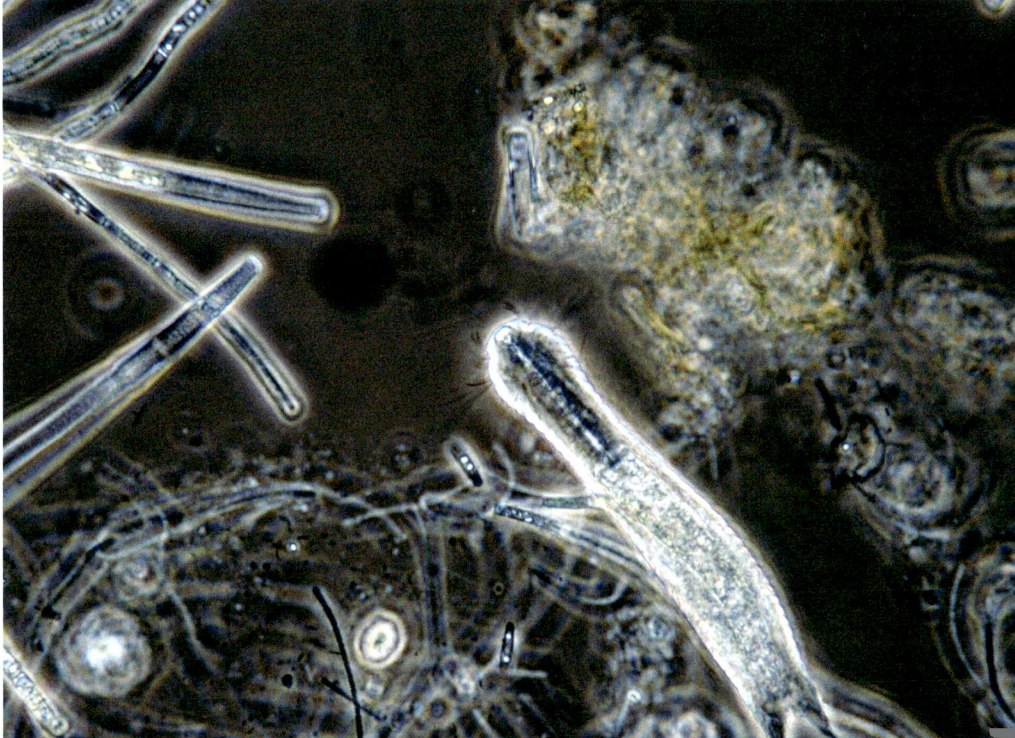

19

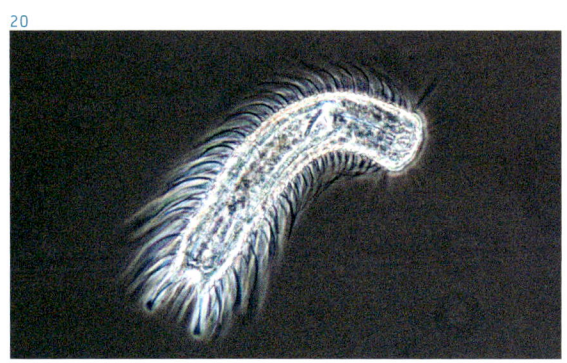

20

ren haben, mit denen sie sich bei Gefahr blitzschnell festleimen können. Ein bewundernswerter und raffinierter Überlebenstrick! Sie haben offenbar Fressfeinde, wie einige Ringel- oder Borstenwürmer, welche ihre Nahrung nur ansaugen, aber nicht von der Unterlage abkratzen können.

Ihre elegante Fortbewegungsart erinnert stark an das Gleitkriechen der Strudelwürmer. Beide bewegen sich vorwiegend auf einer Unterlage und auch ihre Fortbewegung kommt ähnlich zustande. Als Antrieb dienen zahlreiche Wimpern auf der sohlenartigen Bauchseite. In der Kopfregion besitzen diese interessanten Tiere einen ulkigen Schnauzbart aus längeren Wimpern. Ich bin überzeugt, dass er als Fühler dient und bei der Nahrungsaufnahme gute Dienste leistet.

21

Die Gelenkfüßler: Wasserfloh und Co.

Der mit Abstand artenreichste Stamm unter den mehrzelligen Tieren ist derjenige der Gliederfüßler oder Arthropoden, zu denen die Wasserflöhe gehören. Das griechische Wort arthron heißt Gelenk und podos ist der Fuß. Der deutsche Ausdruck Gliederfüßler könnte durch den Begriff Gelenkfüßler verbessert werden. Tausendfüßler, Krebse, Spinnen und Insekten gehören in diese Gruppe. Sie sind uns eher bekannt, weil sie sich temporär oder für ihr ganzes Leben vom Wasser in die Luft hinausgewagt haben und weil sie relativ groß sind. Groß ist aber auch ihre Artenzahl, sogar sehr groß.

Um die Mengen richtig erfassen zu können, sei hier eine knappe Übersicht der Artenvielfalt geboten. Das World Conservation Monitoring Centre in Cambridge gab im Jahr 1999 folgende Zahlen bekannt:

40 000	krebsartige Tiere
75 000	spinnenartige Tiere
950 000	Insekten

Dies ergibt total 1 065 000 Gelenkfüßlerarten. Die Gesamtzahl aller bekannten höheren Tier- und Pflanzenarten beträgt 1 750 000.

Es ist immer gut, wenn man dem Vorstellungsvermögen etwas nachhilft. Whittaker und Sagan hatten die hervorragende Idee, die fünf Reiche des Lebens mit unserer Hand darzustellen. Ein geniales Bild! Es verkörpert im wahrsten Sinne des Wortes die Vielfalt, die Verwandtschaft und das Zusammenspiel aller Organismen.

22 Bildliche Darstellung der fünf Reiche der Organismen

23 Bildliche Darstellung des Stamms der Gelenkfüßler

24 Links: Kleinkrebse; Mitte: Süßwassermilbenlarve; rechts: Eintagsfliegenlarve, Libellenlarve, Schwimmkäferlarve (von oben nach unten); unten: Ringelwurm

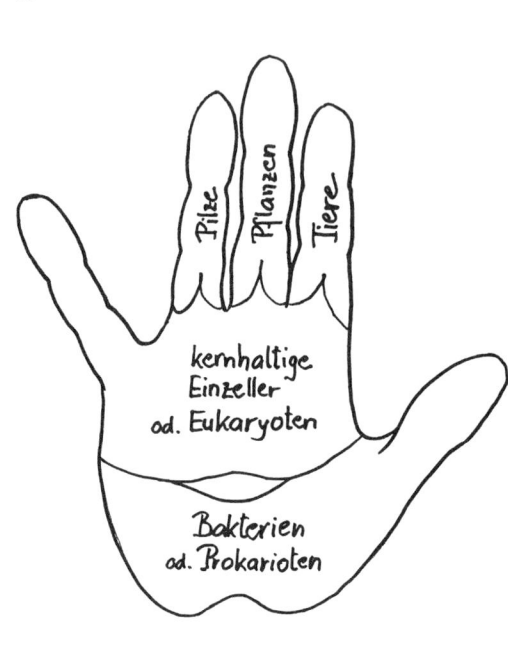

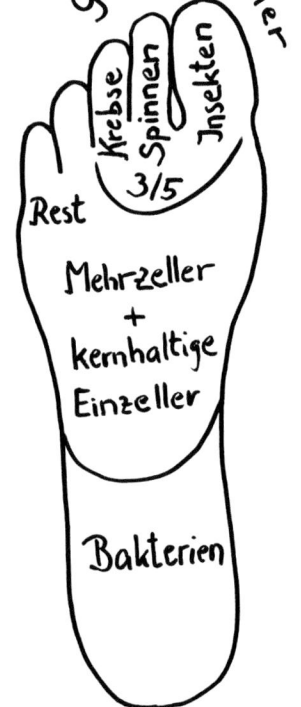

24

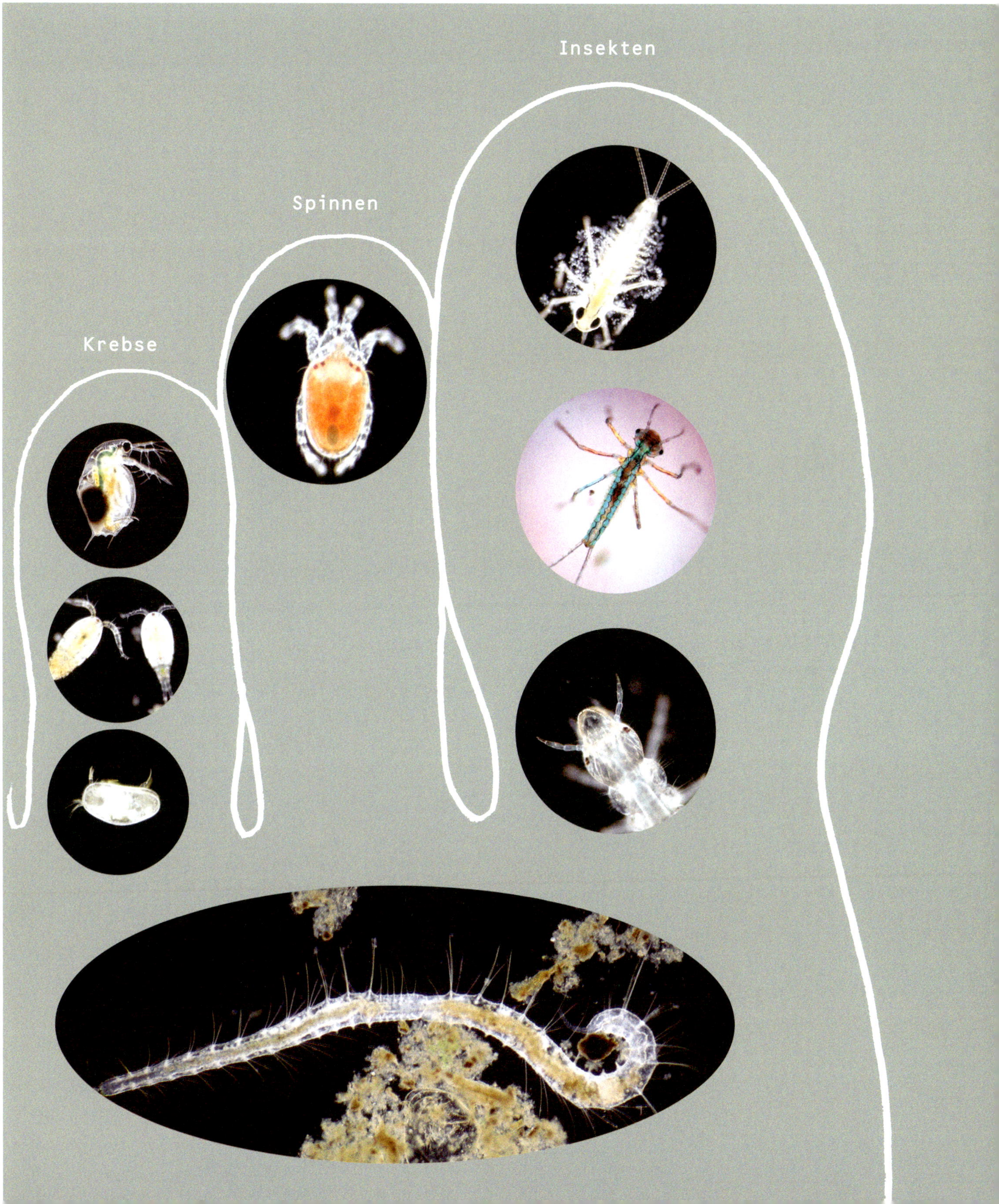

Insekten

Spinnen

Krebse

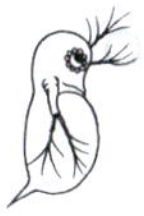

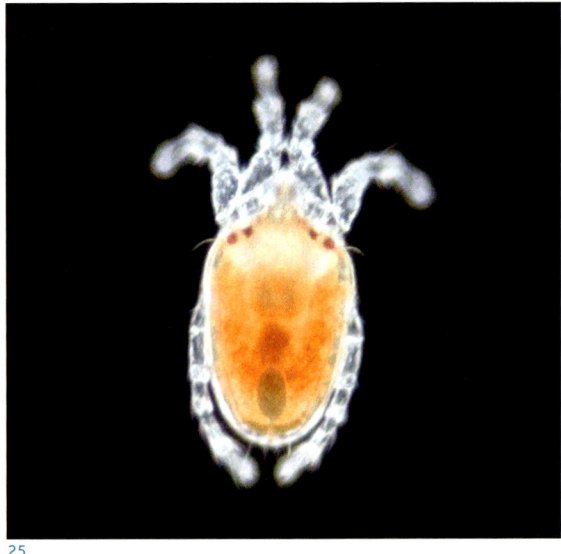

25

In diesem Zusammenhang suchte ich nach einer ähnlichen Idee für die Verkörperung des prozentualen Anteils der Gelenkfüßler an der Menge aller Mehrzeller. Und da kam ich auf den Fuß. Die drei großen Zehen als Repräsentanten für Wasserfloh und Co., die zwei kleinen Zehen für den Rest. Natürlich ist das Modell für mathematisch korrekte Leser fragwürdig. Aber man soll ja bei so vagen Zahlen auch keine falsche Genauigkeit vortäuschen. Nach Schätzungen namhafter Biologen stellen die 950 000 bekannten Insekten erst einen Zehntel aller vorkommenden Insektenarten dar.

Welches sind nun die wichtigsten mikroskopischen Vertreter der Gelenkfüßler im Süßwasser, und welche leben bis heute in ihrem angestammten Milieu, dem Wasser? Oder anders ausgedrückt: Was alles gehört zur Firma Wasserfloh und Co.?

Da sind in erster Linie drei vollständig ans Wasser gebundene Gruppen von Kleinkrebsen: Die Blattfußkrebse mit den populären Wasserflöhen, die Ruderfußkrebse mit den ruckartig springenden Hüpferlingen und die gleichmäßig schwimmenden Muschelkrebse. In diesen drei Gruppen finden wir die allermeisten krebsartigen Bewohner von Teichen und Seen. Im Haushalt

26

27

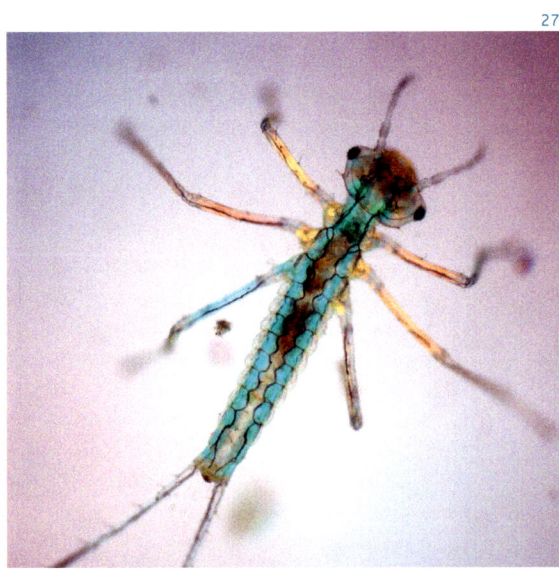

28

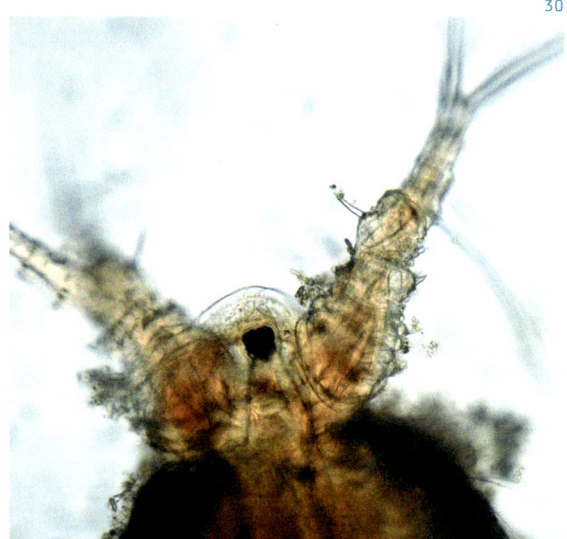

29

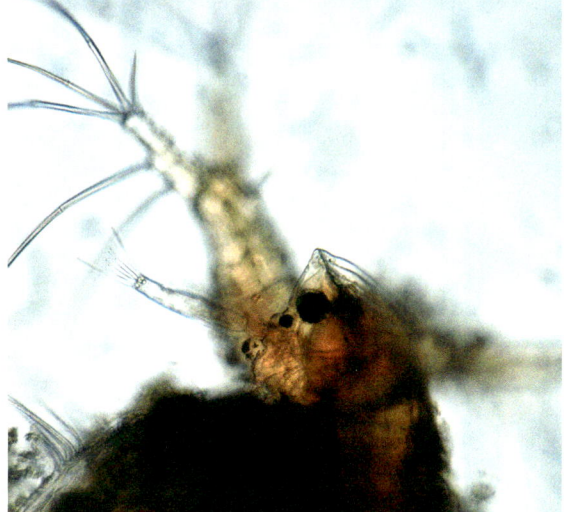

der Natur kommt ihnen eine sehr große Bedeutung zu. Sie sind für viele Fische die wichtigste Nahrungsgrundlage.

Die Spinnenartigen sollten nach ihrer Artenzahl den Krebsartigen eigentlich überlegen sein, wohl auch im Wasser. Dies ist nicht der Fall. Es zeigt sich, dass die Spinnen deutlich weiter vom Wassermilieu abgerückt sind als die Krebse. Einzig die Süßwassermilben und die Wasserspinne Argyroneta aquatica blieben dem flüssigen Lebensraum treu oder kehrten wieder dorthin zurück. Es sind zum Teil wunderschön gefärbte und temperamentvolle Raubritter.

Die Insekten, denen wir im Süßwassermilieu der Seen und Kleingewässer begegnen, sind meistens im Jugendstadium und müssen noch heranwachsen. Sie bereiten sich auf die zum Teil extrem kurze Fortpflanzungsphase in der Luft vor. Es sind dies die Larven der Eintagsfliegen, Libellen, Käfer, Steinfliegen und Mücken.

Welches sind die anatomischen Besonderheiten der Mitglieder von Wasserfloh und Co.? Alle Gelenkfüßler haben einen Körper, der in mehr oder weniger gleichartige Körperabschnitte, sogenannte Segmente, unterteilt ist. Diese Eigenschaft ist allerdings auch schon bei ihren Vorfahren, den Ringelwürmern, vorhanden. Der evolutionäre Wandel bestand nun darin, dass die Segmente durch gelenkige Anhänge bereichert wurden. Neu dazugekommen sind Mundwerkzeuge, Fühler, Beine oder Kiemen, bei ausgewachsenen Insekten auch Flügel.

25 Süßwassermilbenlarve
26 Eintagsfliegenlarve
27 Libellenlarve
28 Schwimmkäferlarve
29 Schlammwasserfloh
30–31 Schlammwasserfloh, Front-
und Seitenansicht

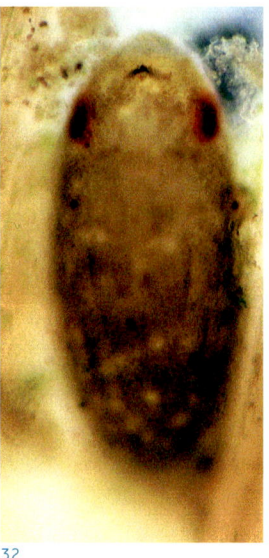
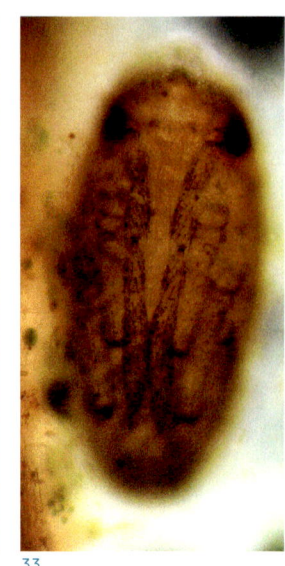

32   33

Typisch für Gelenkfüßler ist auch das mehr oder weniger starre Außenskelett, das sie wirksam schützt. Es besteht aus Chitin, einem kunststoffartigen Material. Allerdings ist die Stabilität dieses Chitinpanzers begrenzt. Chitin erlaubt in der Luft kaum eine Körpergröße über 30 cm. Die Riesenlibelle aus der Karbonzeit hatte eine Flügelspannweite von 75 cm. Die japanische Riesenseespinne – die ein Krebs und gar keine Spinne ist – bringt es unter Wasser mit ihren Kalkeinlagerungen im Panzer sogar auf eine Spannweite ihrer Beine von drei Metern. Ein absoluter Rekord! Im Gegensatz zu unseren Knochen ist der Chitinpanzer tot. Er gibt dem heranwachsenden Tier nur wenig Ausdehnungsraum. Darum müssen sich alle Gelenkfüßler häuten und danach einen neuen Harnisch ausbilden. Der Vergleich mit einer mittelalterlichen Ritterrüstung scheint mir sehr zutreffend.

Doch auch hier gilt, keine Regel ohne Ausnahme. Der kleinköpfige Schlammwasserfloh bildet im Verlaufe seines Lebens ein Chitinhemd nach dem andern aus, ohne jemals eines ganz abzustoßen. Als Folge davon wird er recht unbeweglich. Zudem ist er oft von Algen dicht überwachsen. Mit seinen auffallend kräftigen Armen rudert er träge durch den Schlamm am Boden der Gewässer. Dort hat er seine ökologische Nische gefunden.

Bei allen Tieren, die sich häuten müssen, finden oft tief greifende Umwandlungen statt. Erstaunlicherweise können dabei beschädigte oder gar verlorene Extremitäten regeneriert werden. Aus dem Ei schlüpft ein Jugendstadium, das noch kaum die Gestalt des ausgewachsenen Tieres erkennen lässt, man nennt es Larve. Bei den Hüpferlingen heißt es Nauplius.

Kurz vor einer Häutung kann man oft einige eng gepackte Organe des bald schlüpfenden Tieres erkennen: Facettenaugen, Beine oder Fühler, auch durch die transparente Eihülle einer Wasserwanze hindurch.

Die innere Anatomie der Gelenkfüßler zeigt weitere Besonderheiten. Die Größe dieser Mehrzeller erfordert einen Blutkreislauf. Ein einziges pumpendes Blutgefäß mit Rückschlagventilen übernimmt die Herzfunktion. Es liegt in der Mittelachse des Rückens und kann, wie zum Beispiel beim Wasserfloh, nur ein pulsierendes Bläschen, aber auch, wie bei den Insekten, ein langes Rohr sein. Das farblose Blut wird vom Herz angesaugt und strömt kopfwärts, wo es in die freie Körperhöhle entlassen wird. Es ist ein offenes Blutgefäßsystem.

Warum ist das Blut der Gelenkfüßler farblos? Um das zu verstehen, müssen wir wissen, dass die Farbe unseres Blutes durch das rote Hämoglobin verursacht wird. Dieses große Molekül kann in unserer Lunge vier kleine Sauerstoffmoleküle locker binden und sie in den Geweben wieder abgeben.

34

35

Die Gelenkfüßler haben keine Lungen. Bei den kleinen Wasserflöhen, Hüpferlingen und Muschelkrebsen genügt die große Oberfläche als Atmungsorgan. Die größeren Insekten dagegen haben an Stelle von Lungen folgende Lösung entwickelt: Bei ihnen stülpte sich die Chitinmembran des Außenskelettes ins Innere des Körpers. Somit entstand ein weit verzweigtes Röhrensystem, das sogenannte Tracheennetz. Über dieses erfolgt die Atmung ohne die Vermittlung von Blutflüssigkeit. Der Sauerstoff gelangt auf direktem Weg zu den inneren Organen. Das rote Transportmolekül im Blut ist daher nicht nötig. Das farblose Blut der Gelenkfüßler hat eine wichtige Aufgabe weniger. Es besorgt vor allem die Verteilung der gelösten Nährstoffe, den Abtransport der Schlacken und die Kommunikation durch Hormone.

In der Luft können die Atemgase durch die Einstülpungslöcher am Chitinpanzer direkt in die Tracheen eindringen oder von dort austreten. Im Wasser dagegen braucht es für diesen Übergang eine nach außen vergrößerte Oberfläche. Es entwickelten sich aus Beinanlagen zarte Kiemenblättchen. Durch dünne Chitinmembranen auf der Epidermis können Gase ungehindert zirkulieren. Durch nervöses Zittern kann die Eintagsfliegenlarve ihr Umgebungswasser nach Bedarf erneuern. Die mit Luft gefüllten Tracheen der Insektenlarven erscheinen im Durchlicht fast schwarz.

Das Auge der Insekten und Krebse verdient unser besonderes Interesse. Im Gegensatz zu den Linsenaugen sind die Facettenaugen, die typischen Augen der Gelenkfüßler, nicht durch Einstülpung, sondern durch Vorwölbung der lichtempfindlichen Netzhaut entstanden. Diese Anordnung erlaubt es, den Sehwinkel weiter zu öffnen als beim Linsenauge. Im Extremfall ist damit ein kugeliger 360-Grad-Blick möglich. Ein bescheidener blinder Fleck entsteht nur beim Abgang der Sehnerven. Die Augen der Raubkrebse im Plankton begeistern jeden Mikroskopiker. Es sind optische Wunder auf kleinstem Raum. Für eine derartige Ausrüstung genügt ein einziges Fusionsauge, und dieses kann mehr oder weniger unbeweglich im Kopf sitzen.

Das Bild, welches bei den Facettenaugen auf der Netzhaut entworfen wird, setzt sich wie ein Mosaik aus Lichtpunkten oder aus überlappenden Kreisen zusammen. Je mehr Sehkeile oder Facetten das Auge besitzt, desto detailreicher ist die Abbildung. Der Glaskrebs besitzt 300, die ausgewachsene Libelle 30 000 Facetten, also hundertmal mehr!

Jeder Abbildungspunkt besitzt seine eigene winzige Chitinlinse mit einem fokussierenden Kristallkegel und einer mehr oder weniger abschirmenden schwarzen Tapete. Bei vollständiger optischer Abschirmung jedes Sehkeils sind die Rasterpunkte scharf begrenzt. Bei

32–33 Reife Wasserwanzeneier
34 Frisch geschlüpfte Wasserwanze
35 Nauplius larve eines Hüpferlings

36

37

zurückgezogener Pigmentjalousie wird das Bild zwar unscharf, das Auge aber gewinnt an Lichtempfindlichkeit.

Ein Vergleich der Sehleistungen ist schwierig, weil die Netzhautnerven und das Gehirn manche Nachteile ausgleichen können. Wenn wir nur die Abbildungsleistung berücksichtigen, sind unsere viel größeren Linsenaugen den kleineren Insektenaugen rund 100-mal überlegen. Die zeitliche Auflösung der Bilder ist jedoch bei

schnell fliegenden Insekten rund fünfmal höher als bei uns. Wir erfahren dies immer dann eindrücklich, wenn wir eine lästige Fliege erwischen wollen. Der Reiz-Reaktionsweg ist beim Menschen bedeutend länger als bei den Insekten. Die Impulsgeschwindigkeit im Nervensystem erreicht bei beiden höchstens 100 Meter pro Sekunde. Sie hat nichts mit der Geschwindigkeit des elektrischen Stroms in einem Kabel zu tun. Ein Vergleich mit dem Abbrennen einer Zündschnur wäre treffender.

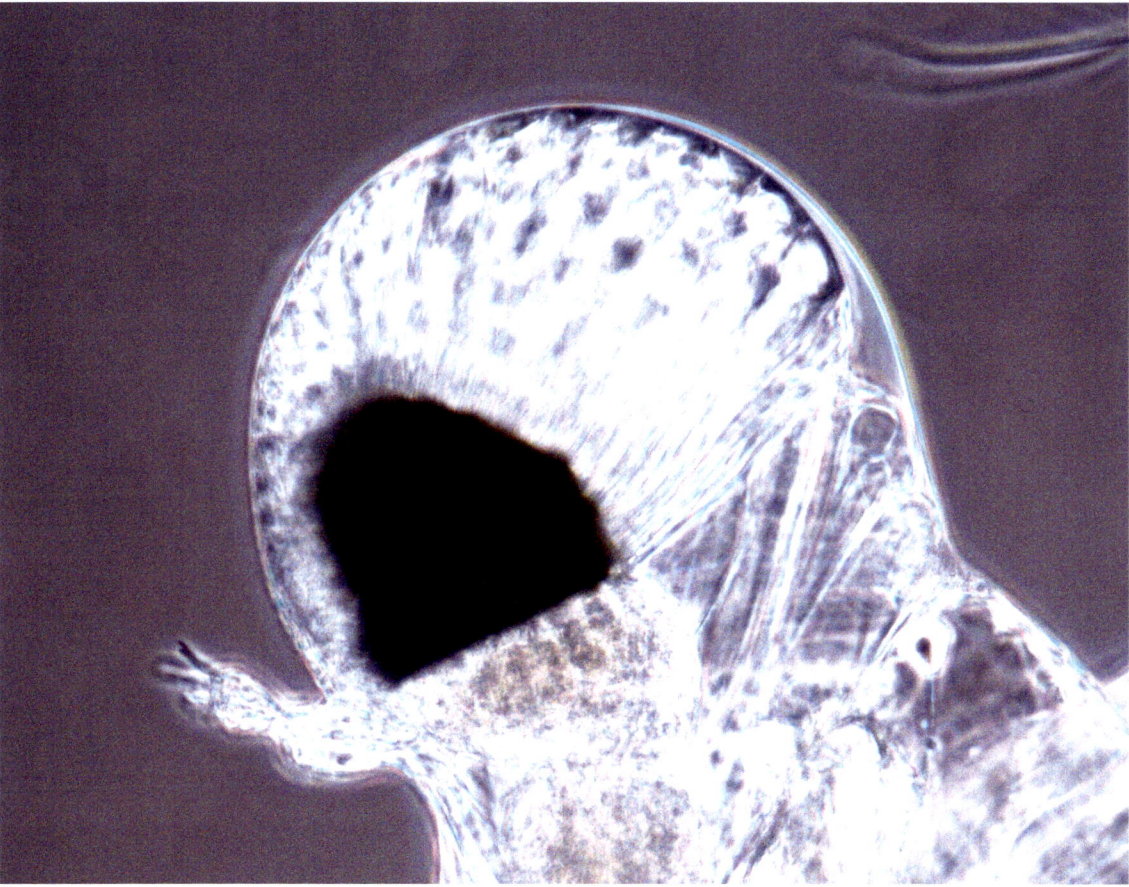

38

36   Kiemenblättchen einer
Eintagsfliegenlarve
37   Kleinlibellenlarve
38   Kopf eines Langschwanz-
krebses

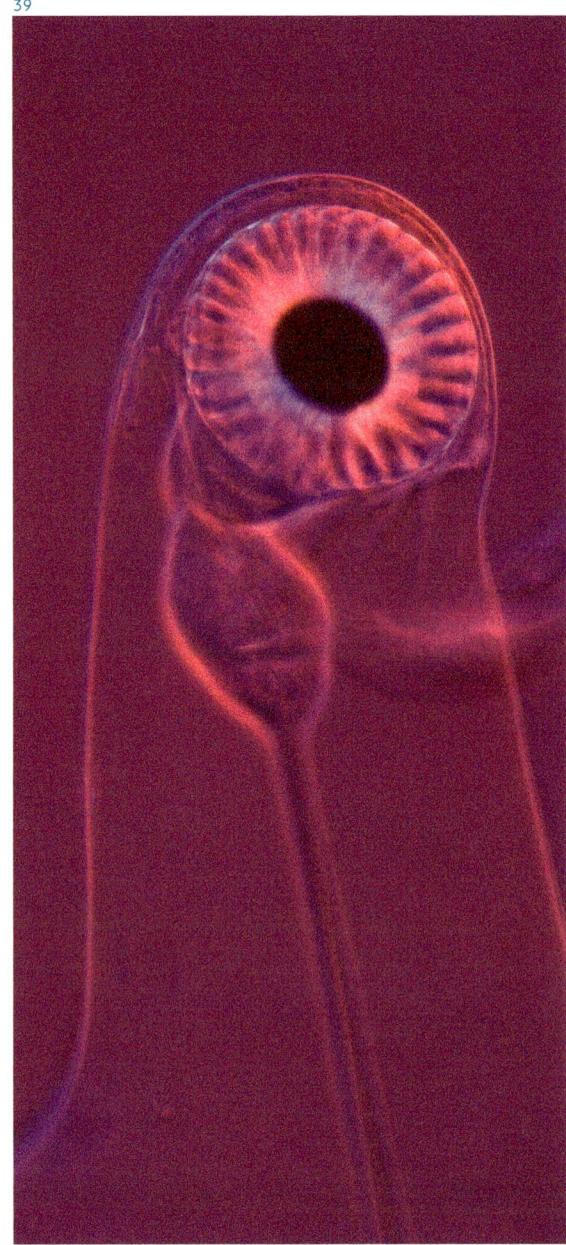

39

Das Farbensehen der Gelenkfüßler ist zu den kürzeren Wellenlängen hin verschoben. Die langwellige rote Farbe fällt weg, dafür kommt das kurzwellige Ultraviolett als sehr lichtstarke Farbe hinzu.

Die Facettenaugen sind außerdem in der Lage, polarisiertes Licht wahrzunehmen. Diese Eigenschaft erlaubt den Bienen bei ihren Schwänzeltänzen aufgrund eines Fleckens Himmelsblau den Stand der Sonne hinter den Wolken zu lokalisieren. Das Himmelslicht ist je nach Lage der Sonne unterschiedlich polarisiert. Der Sonnenstand dient den Bienen mithilfe ihrer inneren Uhr als Kompass für die Orientierung im Gelände. Ist der Himmel längere Zeit vollständig bedeckt, stellen sie ihre Flugtätigkeit ein.

Immer wieder gibt es Schwierigkeiten bei der systematischen Zuordnung der verschiedenen Gelenkfüßler. Die japanischen Riesenkrebse wurden irrtümlicherweise Meerspinnen genannt. Und Wasserflöhe sind bekanntlich keine Flöhe, also keine Insekten, sondern Kleinkrebse. Und dabei ist die Sache doch so einfach.

Wer im ausgewachsenen Zustand Flügel hat, ist meistens ein Insekt. Auch drei Beinpaare verraten die Zugehörigkeit zu den Insekten. Wenn ein Tier zwischen Kopf, Brust und Hinterleib eingeschnürt ist, also eine Kerbe hat, gehört es zu den Kerbtieren, ein anderer Name für Insekten. Die ausgewachsenen Spinnenartigen besitzen vier Beinpaare und einen Kopf, der mit dem Brustpanzer eine Einheit bildet. Die Milben haben auch noch die Kerbe zwischen Kopfbrust und Hinterleib aufgegeben. Ihr Körper ist ein kaum segmentierter Sack. Die Krebsartigen erkennt man daran, dass sie mehr als vier Beinpaare haben. Allerdings sind diese ganz verschieden ausgebildet. Die rasch bewegten Filterkiemen der Wasserflöhe und der Hüpferlinge sind als Extremitäten oder als umgewandelte Beine zu betrachten.

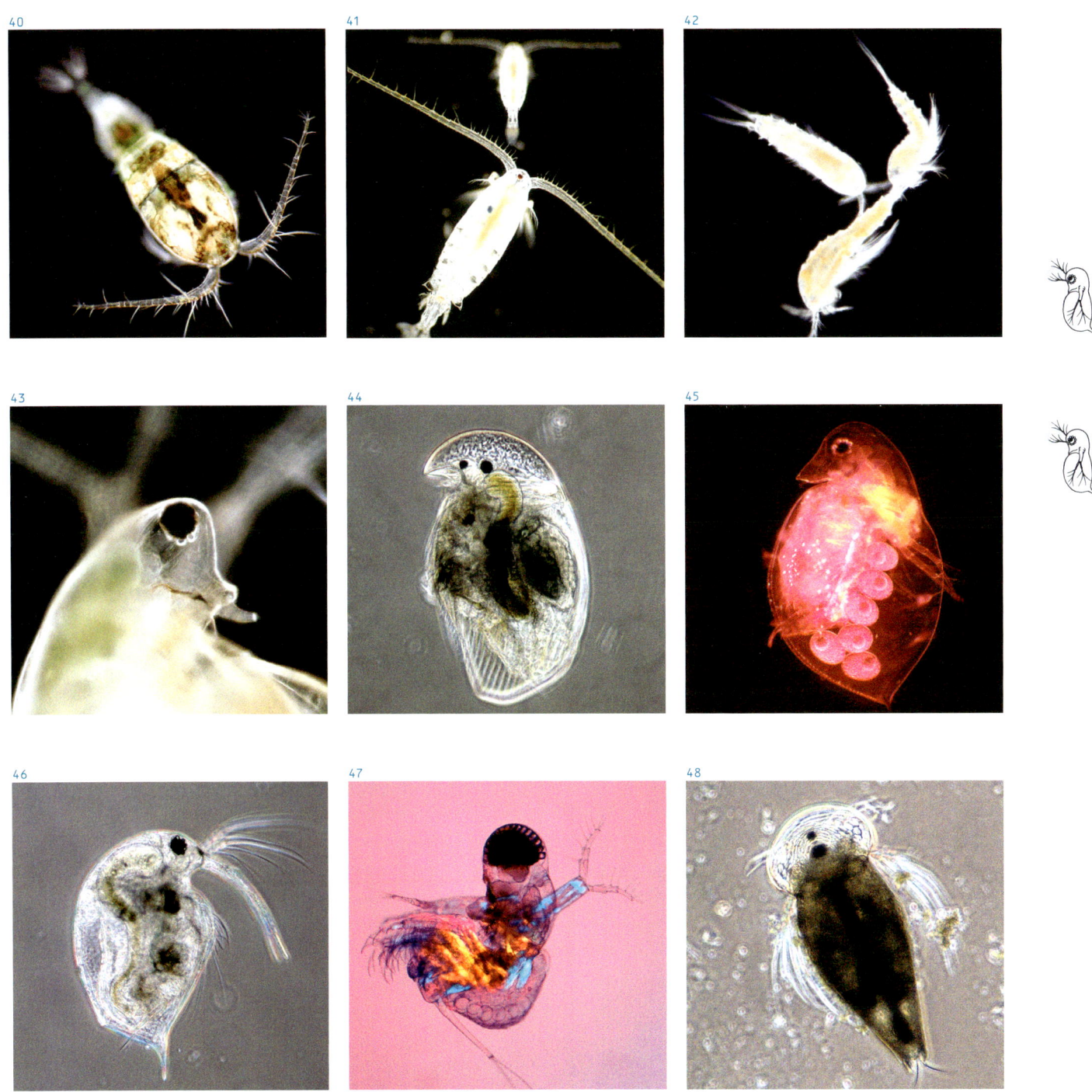

49

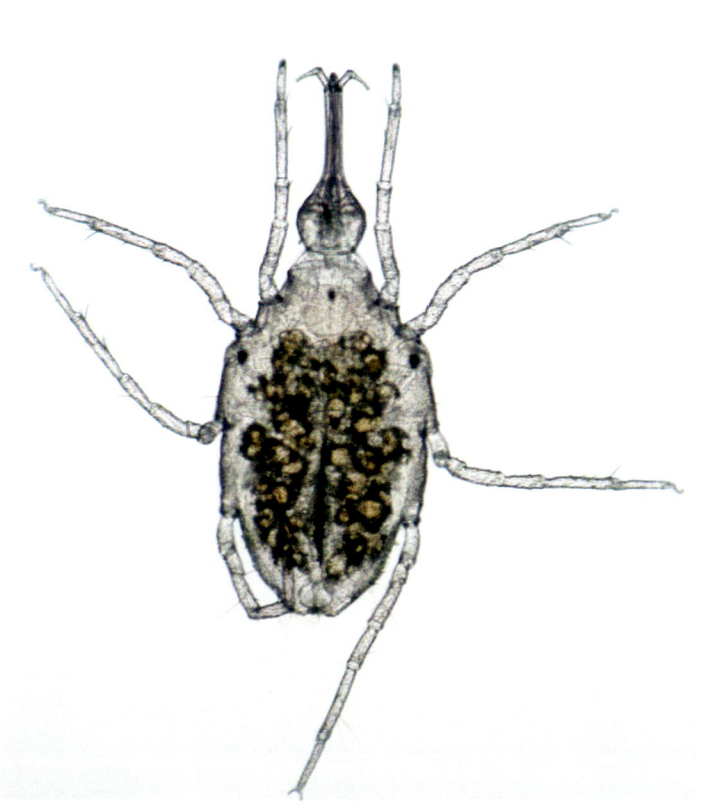

50

Aufs Ganze gesehen, sind die Gelenkfüßler, und unter ihnen vor allem die Insekten, die absolut erfolgreichste Tiergruppe aller Mehrzeller. Die bis heute erfasste überwältigende Artenzahl von mehr als einer Million ist ein deutliches Zeichen dafür.

49   Wassermilbe
50   Riesenhüpferling von der
       Seite, mit vielen Kiemenfüßen
       auf der Bauchseite

Aus dem Zufall
geboren

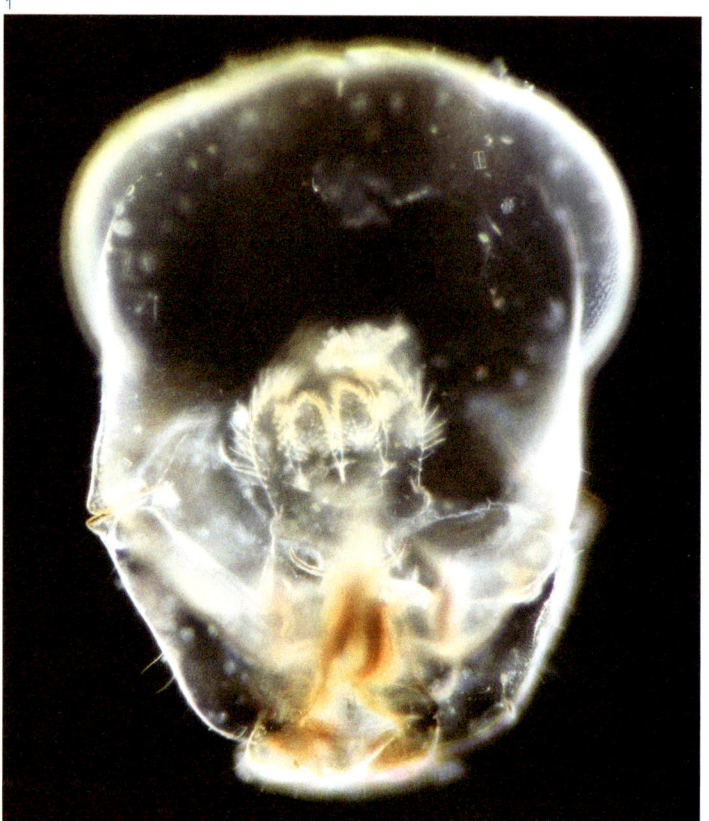

Vorsicht Totenkopf

Eines Abends suchte ich in der Petrischale nach neuen Objekten. Da stieß ich völlig überraschend auf einen kleinen menschlichen Schädel. Ich war irritiert, da konnte doch etwas nicht stimmen. Tatsächlich, ich hatte mich geirrt. Ein seltener Zufall hielt mich zum Narren. Was ich sah, war in Wirklichkeit der Überrest eines Insektenkopfes. Die Schädelwölbung bestand aus den zwei Facettenaugen, und die Augenhöhlen waren Ansatzstellen des nicht mehr vorhandenen Oberkiefers. Bei einer tieferen Scharfeinstellung der Optik sah ich deutlich die umgeklappte Unterlippe des Insekts.

Und da wird noch behauptet, der reine Zufall könne in der Natur nichts Intelligentes hervorbringen. Klar, der Zufall alleine ist auch in der Naturevolution eher machtlos. Wenn er aber auf ein Umfeld stößt, das zu ihm passt, wie eben mein Auge in Kombination mit dem Gehirn, dann macht es klick, wie wenn eine Maus in die Falle gerät. Die abschreckende Totenkopfzeichnung ist besonders gut geeignet, in das Bewusstsein eines Menschen einzufallen und dort hängen zu bleiben. Diese Tatsache wird bekanntlich auch dort eingesetzt, wo es darum geht, vor tödlichen Gefahren zu warnen. Auf Flaschen mit hochgiftigen Flüssigkeiten oder in der Nähe von offenen Hochspannungsleitungen prangt ein Plakat mit einem Totenkopf und fordert Aufmerksamkeit.

Nun gibt es selbst in der Natur einen analogen Fall, den Totenkopfschwärmer Acherontia atropos. Dieser rund 12 Zentimeter große Nachtfalter trägt auf seinem Rücken gut sichtbar die Zeichnung, welche ihm den Namen gab, einen Totenkopf. Wie kam diese auf den Rücken des Falters? Vielleicht durch Zufall, wie mein Bild aus der Mikrowelt? Ganz sicher nicht durch Zufall alleine, und welches war das erkennende Umfeld? Um dies zu verstehen, müssen wir folgendes wissen: Totenkopfschwärmer sind in den Mittelmeerländern heimisch und unternehmen in der Nacht alleine oder in Gruppen ausgedehnte Wanderungen. Sie wurden auch schon in einer Höhe von 3000 Metern angetroffen sowie weit weg von der Küste auf offener See. Wie alle Nachtfalter orientieren sie sich am Licht der Sterne, was dazu führt, dass sie von dem hellen Licht eines Feuers unwiderstehlich angelockt werden. Ihr starrer Instinkt hindert sie daran, aus misslichen Erfahrungen zu lernen. Was sie besonders schätzen, ist der Honig wilder oder gezüchteter Bienen. Als Langstreckenflieger sind sie auf diesen Kraftstoff geradezu versessen.

Das erkennende Umfeld müssen unsere Vorfahren gewesen sein, weit zurück in der Vergangenheit. Vielleicht in der Bronzezeit vor 4000 Jahren, in der Steinzeit

1 Überreste eines Insektenkopfs mit umgeklappter Unterlippe

2 Totenkopfschwärmer

3

vor rund 7000 Jahren oder noch früher. Damals, als noch keine künstliche Beleuchtung unsere Umwelt mit Licht verschmutzte beziehungsweise freundlich erhellte. Damals, als die nächtlichen Feuer den Menschen noch dazu dienten, wilde Tiere zu vertreiben. Heulende Wölfe und brummende Bären wurden durch das gefährlich duftende Leuchten abgeschreckt, mit den Totenkopfschwärmern geschah das genaue Gegenteil, sie wurden angelockt.

Vermutlich waren diese archaischen Menschen am Genuss eines honigsüßen Schwärmers ebenso interessiert wie an kleinen Beeren oder Kräutern. Vorausgesetzt sei allerdings, die eher seltene Abwechslung habe nicht unverhofft den Tod oder eine schwere Vergiftung zur Folge. Also prüfe man zuerst die Speise und befrage die magischen Geister des nächtlichen Waldes. Der Tod lauert überall. Die Tiere, die Bäume, der Wind und der Blitz oder das Feuer, alle sind sie beseelt. Man muss sich immer und jederzeit vor ihnen in Acht nehmen. Die einen sind Freund, die andern Feind. Nie kann man genau Bescheid wissen.

Der reine Zufall kann zu einem wichtigen Bestandteil im biologischen System werden.

In diesem Umfeld bekommt der Zufall nun selber System. Jede noch so kleine Verbesserung des abschreckenden Symbols auf dem Rücken des Schwärmers führt dazu, dass der Träger überlebt, seine Zeichnung weitervererbt und mithilfe des ungerichteten Zufalls weiterperfektioniert. Die Schmetterlinge ohne deutliches Warnzeichen auf dem Rücken sind nicht geschützt und werden verspeist. Sie verschwinden mehr und mehr von der Bildfläche. Übrig bleiben jene mit dem deutlichsten Totenkopf.

Der Evolutionstheoretiker Richard Dawkins würde sagen, der Totenkopfschwärmer kletterte mit seiner abschreckenden Zeichnung langsam, aber beharrlich die Hänge des Unwahrscheinlichkeitsgebirges hoch. Nicht ein Naturgeist, sondern der archaische Mensch hat hier mithilfe des Zufalls unbewusst die Evolution in Gang gesetzt und vorangetrieben. In diesem Fall kann man sagen, dass dieses Kapitel der Schmetterlingsentwicklung im Kopf begann, im Kopf eines hungrigen, vorsichtigen und aufmerksamen Steinzeitsammlers mit guten Augen.

3 Verschiedene Totenkopfschwärmer
4 Lauf-Wimpertier, REM-
   Aufnahme

Zu den unzähligen Beeinflussungsfaktoren in der Natur gehören neben den Augen auch noch andere Sinnesorgane. In der Mikrowelt des Wassertropfens begegneten wir einigen davon. Ich erinnere an das Kapitel «Körperumbau bei Gefahr». Die Lauf-Wimpertiere Euplotes müssen die chemische Visitenkarte ihres Fressfeindes erkannt haben wie die Steinzeitjäger den Totenkopf auf dem Rücken des Schwärmers. Daraufhin wurde dieser Kontakt für die Überlebenden zum alarmierenden Abschreckungssignal und schließlich zum Auslöser für den Umbau des eigenen Körpers. Die sperrige neue Körperform als Abwehrwaffe wurde dann mehr und mehr auf die komplizierten Mundstrukturen des Fressfeindes abgestimmt. Es war ein ähnlich komplexer Auswahlprozess mit viel Leerlauf wie beim Totenkopfschwärmer. Eine tiefere Einsicht in das Geschehen oder gar ein Wunsch des Opfers nach Überleben steckte nicht dahinter.

Nun wissen wir, dass der blinde Zufall in der Evolution eine wichtige Rolle spielt. Er stellt das ungerichtete erbliche Rohmaterial bereit, aus welchem biologische, zeitliche und räumliche Umstände die besten Lösungen begünstigen. Der Rest ist Abfall und verschwindet wieder, er kehrt in den großen Kreislauf der Biosphäre unseres Planeten zurück. An der zur Verfügung stehenden Zeit soll es nicht fehlen.

Der Verhaltensforscher Konrad Lorenz nennt in seinem Buch «Die Rückseite des Spiegels» das überraschende Aufleuchten einer Neuerung in der Evolution Fulguratio, das heißt Blitzstrahl, und vergleicht es mit dem Zusammenschluss zweier linearer Wirkungsketten zu einem geschlossenen Regelkreis. Aus zwei unabhängigen Systemen entsteht durch Zusammenschluss eine Einheit höherer Ordnung, wobei die neue Ganzheit mehr ist als die Summe ihrer Teile.

Fragen wir uns zum Schluss unseres Rundgangs durch den Mikrokosmos: Wie funktionieren eigentlich Entdeckungen und Erfindungen in unserer technisch-zivilisatorischen Welt? Sind in unserem Gehirn vielleicht auch blinde Zufälle in einem passenden Umfeld am Werk, ähnlich wie in der vormenschlichen Natur-Evolution?

4

Zufall trifft Einfall

5

Man hört immer wieder davon, dass wichtige wissenschaftliche Entdeckungen durch den Zufall begünstigt werden. Für den schottischen Bakteriologen Alexander Fleming stimmt dies in der Tat. Er wurde im Abfallhaufen alter Bakterienkulturen auf eine kreisförmige Zone aufmerksam, in welcher das Wachstum einer Bakterienkolonie durch eine zufällige Fremdinfektion gehemmt wurde. Das war im Jahr 1928.

Er ging der Sache nach und fand heraus, dass der eher seltene Schimmelpilz Penicillium notatum seinen Nahrungskonkurrenten, den gefährlichen Staphylokokkus aureus, hemmen und abtöten kann. Damit sichert sich der Pilz seine eigene Ernährungsgrundlage. Fleming nannte die chemische Waffe dieses Schimmelpilzes Penicillin. Leider erschien der Stoff seinem bescheidenen Entdecker nicht sehr viel versprechend hinsichtlich seiner Verwendung als Medikament. Es war das Verdienst von Howard Florey und Boris Chain, den Schicksalsfaden vorerst noch unbewusst weitergesponnen zu haben. Sie wollten die Mechanismen der Bakterienhemmung grundlegend erforschen und dachten vorerst gar nicht an ein Medikament. Es zeigte sich jedoch, dass Penicillin kein kompliziertes Eiweiß, sondern ein relativ einfaches Molekül ist. Erst jetzt begeisterten sich Florey und Chain für die heilenden Möglichkeiten des Penicillins. Sie züchteten mithilfe der Rockefeller-Stiftung den Schimmelpilz in großen Mengen und gewannen 1940, mitten im Zweiten Weltkrieg, erstmals genügend Penicillin-Rohextrakt, um an Mäusen erfolgreich den Beweis für die lebensrettende Wirkung zu erbringen. Für die Behandlung des ersten Menschen

Alexander Fleming (1881–1955) erhielt mit zwanzig Jahren eine kleine Erbschaft. Das erlaubte ihm, in London Medizin zu studieren. Vor dem Ersten Weltkrieg wurde er Bakteriologe. Seine Entdeckung gehört zu den bedeutendsten Ereignissen in der ersten Hälfte des 20. Jahrhunderts.

Blinder Zufall und heller Gedankenblitz setzen gelegentlich Kulturevolution in Gang.

musste allerdings 3000-mal mehr Rohpenicillin beschafft werden als für eine Maus, und es war nach einer spektakulären Besserung des ersten menschlichen Patienten immer noch zu wenig. Der vorübergehend Gerettete erlitt einen Rückfall und starb.

Ein weiterer glücklicher Zufall besteht darin, dass dieser neuartige Wirkstoff nur gerade die Zellwände der Bakterien auflöst, die kernhaltigen Zellen dagegen nicht beeinträchtigt. Dadurch treten keinerlei schädliche Nebenwirkungen auf.

Alexander Fleming entdeckte das erste Antibiotikum, das mit seinen zahlreichen Nachfolgern unzähligen Menschen und Haustieren das Leben rettet. Schade nur, dass wir heute damit nicht sparsam genug umgehen. Inzwischen sind rund 80 % der gefährlichen Staphylokokken gegen Penicillin resistent.

Die Geschichte des Penicillins verlief also ganz ähnlich wie jene der Totenkopfzeichnung auf dem Rücken des Nachtschwärmers. In beiden Fällen entdeckte ein aufmerksamer Beobachter den seltenen Zufall und erkannte gleichzeitig die Bedeutung dieses Ereignisses. Allerdings brauchte es im Fall des Penicillins noch zwei Nachfolger, um der segensreichen Erkenntnis zum vollständigen Durchbruch zu verhelfen. Eine gewisse Ausdauer erwies sich als nützlich. Erst 18 Jahre nach dem entscheidenden Zufall und seiner Beachtung, im Jahr 1945, erhielten die drei Forscher Fleming, Florey und Chain den Nobelpreis für Medizin.

Trickreiche Explosion

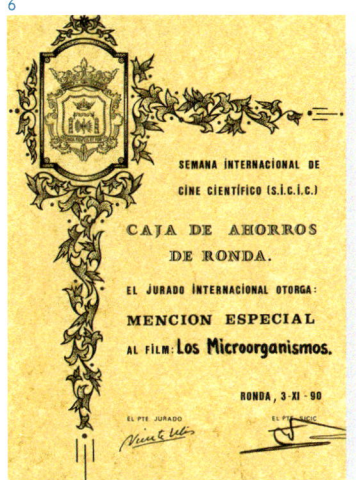

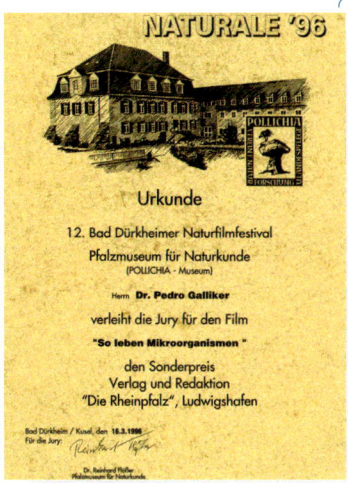

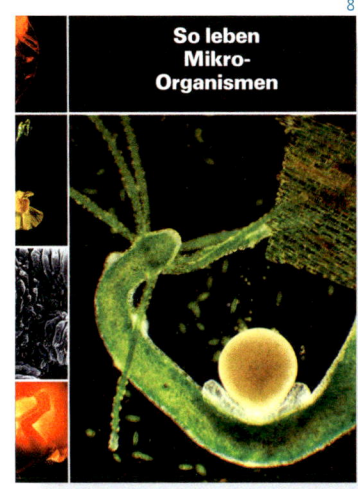

Aller guten Dinge sind drei. Nun bin ich selber an der Reihe. Auch ich hatte eine interessante Begegnung mit dem geglückten Zufall. Ich packte ihn am Schopf und ließ ihn nicht so rasch wieder los. Es ist eine eher bescheidene Angelegenheit, aber mir persönlich hat sie Spaß gemacht und während rund zehn Jahren echte Lebensqualität gebracht.

Das kam so. Von 1983 bis 1987 realisierte ich den Film «So leben Mikroorganismen». Er erhielt 1990 am Festival für den wissenschaftlichen Film SICIC in Ronda die Auszeichnung «Das beste didaktische Drehbuch» und 1996 am Naturfilm-Festival NATURALE in Bad Dürkheim den «Sonderpreis». Der Film befindet sich auf der beiliegenden DVD.

Darin dreht sich alles um das gefährliche Leben eines etwas ungewöhnlichen Filmstars. Warum ist der Held dieser Filmtragödie auf Anhieb so liebenswürdig? Er hat ein großes Auge, ein Stupsnäschen, ein rundes Bäuchlein und ein ganz hastig pochendes ängstliches Herz – im Rücken! – Erraten? Welcher Mikroorganismus aus dem Wassertropfen eignet sich wohl am besten für die Rolle eines Filmstars? Welcher Bewohner einer

fremdartigen Mikrowasserwelt kann am ehesten durch sein Aussehen die Zuwendung des Publikums gewinnen? Großes Auge, mollige Formen, kleines Stupsnäschen? Nun – da gibt es ja noch unsere angeborenen Schlüsselreize für die Hinwendung zu einem hilflosen Säugling. Im Fachjargon heißt das Kindchenschema.

Natürlich, die Chromosomen stecken wieder einmal dahinter! Darum habe ich den Wasserfloh ausgewählt und zum Filmstar gemacht. Er erfüllt die wichtigsten Merkmale des Kindchenschemas und ist schon beinahe eine taugliche Schmusepuppe wie der Teddybär oder ein lustiger Komikstar.

Im Film wird der arme Wasserfloh von drei verschiedenen Fressfeinden bedroht. Von einer Fleisch fressenden Unterwasserpflanze, von einer gefräßigen Libellenlarve und von einem grünen Süßwasserpolypen.

Bei der Beschäftigung mit dem Polypen hatte ich meine Begegnung mit dem Glück bringenden Zufall. Ich war so fasziniert von den Nesselgeschossen der Hydra, dass ich mir vornahm, diese raffinierten Waffen im Filmdrama ausführlich darzustellen. Dies erforderte, ihre Explosion detailgenau im Bild zu zeigen. Ich kannte

5 Alexander Fleming
6 Auszeichnung SICIC, 1990
7 Auszeichnung NATURALE, 1996
8 Cover des ausgezeichneten Videofilms

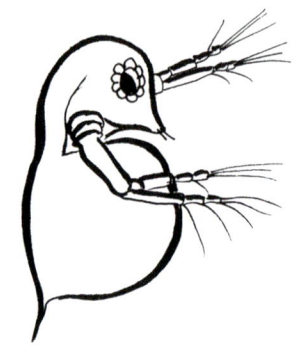

9

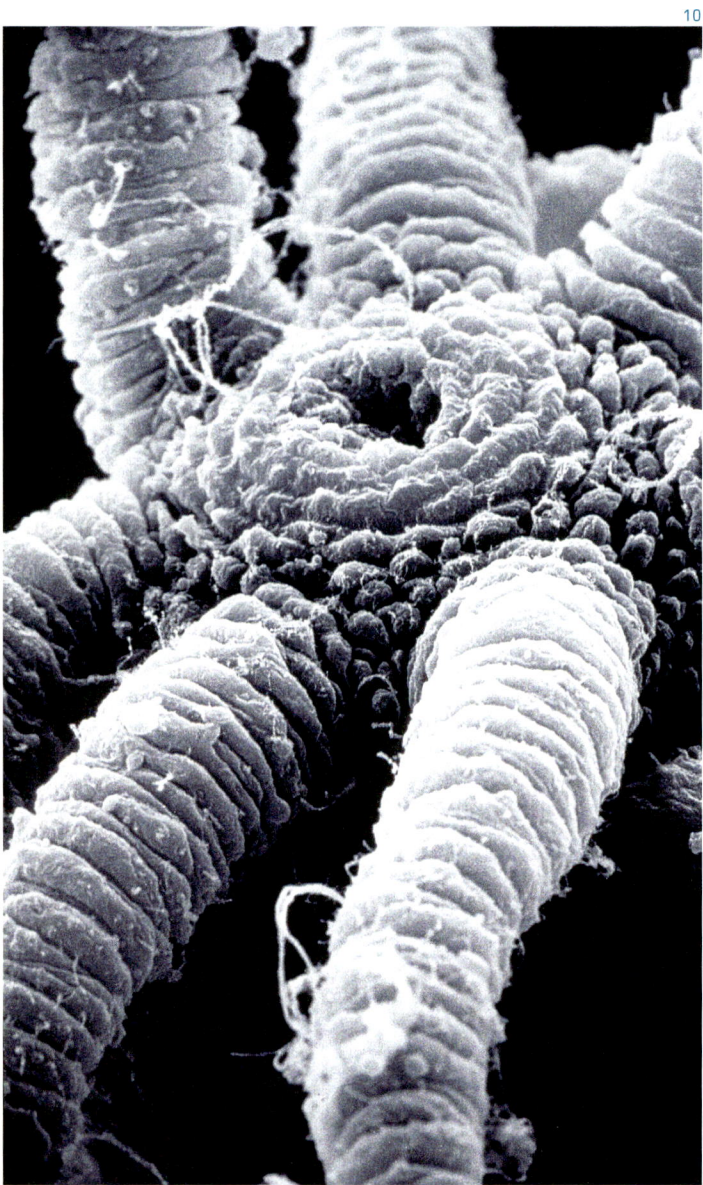

10

Professor Pierre Tardent von der Universität Zürich, der sich zeitlebens mit diesem Wunder der Natur beschäftigt hatte. Ich wusste auch, dass einige Lehrbücher den Aufprall des Geschosses und seine Verankerung im Chitinpanzer des Beutetiers nach den neuesten Forschungsergebnissen falsch darstellten. Selbstverständlich beschloss ich, den erkannten Fehler bei dieser Gelegenheit zu korrigieren.

Die Realisierung des Vorhabens war jedoch recht schwierig. Die Nesselkapseln und ihre Geschosse sind so klein, dass Details mit den besten Lichtmikroskopen nicht optisch aufgelöst werden können. Nur das Raster-Elektronen-Mikroskop, das REM, zeigt die Feinstrukturen. Dazu kommt, dass die Nesselkapseln der Hydra viridis bei der Explosion ihren Inhalt in einer Hundertstelsekunde abschießen, und zwar mit der unglaublichen Beschleunigung von 40 000 g, was derjenigen einer Gewehrkugel beim Abschuss entspricht. Eine Abbildung dieses Vorgangs kam somit nicht in Frage. Da blieb wohl nichts anderes übrig, als zum Trickfilm Zuflucht zu nehmen. Doch ein noch so gut gezeichneter Trickfilm wäre ein krasser Stilbruch gewesen. Ich fand die Lösung des Problems mit einem Modell einer Nesselkapselbatterie. Ich baute es aus Acrylgranulat und begann damit zu experimentieren. Mein allererstes Mikromodell war damit geboren. Der Zuschauer sollte nicht merken, dass diese Szenen an einem Modell entstanden waren. Den notwendigen und darum auch verzeihlichen Filmbetrug realisierte ich mit viel Liebe und Hingabe. Nun, die Mogelei war mir geglückt, obschon ich im gewöhnlichen Alltag kein Machiavelli-Talent bin. Sogar ein amerikanischer Mikrobiologe von Rang und Namen bemerkte nicht, dass er anstelle gefilmter Realität meinen Modelltrick lobte.

Das REM, ein reines Forschungsmikroskop

Mit dem Raster-Elektronen-Mikroskop REM gibt es keine Lebendbeobachtung, keine Farben und keine Transparenz. Warum?

Weil die Wellenlänge der Elektronen viel kürzer ist als diejenige von Licht und weil Luft die Abbildung behindert. Das Objekt muss in eine Vakuumkammer eingeschleust werden, wo es – wie im Weltraum – kein normales Leben mehr gibt, keine Bewegung, kein Wasser.

Durch plötzliches Tiefgefrieren wird zum Beispiel ein Süßwasserpolyp überrascht. Einerseits, damit er sich nicht zusammenziehen kann, anderseits, damit das Wasser in seinem Körper keine verletzenden Eiskristalle auszubilden vermag. Anschließend wird das Eis langsam direkt in den Gaszustand überführt, also verflüchtigt. Das Tier wird somit gefriergetrocknet. Zurück bleibt das federleichte, reine Kohlenstoffgerüst, das von den Elektronenstrahlen glatt durch-

drungen würde. Darum muss zum Schluss das Objekt noch mit Gold bedampft, also vergoldet werden. Erst jetzt erscheint auf dem REM-Bildschirm die Oberflächenstruktur des Polypen. Das Ganze ist eine sehr aufwendige Prozedur. Es versteht sich, dass ein REM nicht für den Privatgebrauch gedacht ist, auch in Anbetracht der Kosten. Denn anstelle von Glaslinsen sind Ringmagnete eingebaut, und als Beleuchtung dient eine Hochspannungs-Elektronenquelle.

Langsam dämmerte es mir. Ich kam zur Überzeugung, dass transparente Kunststoffe geeignete Materialien für den Bau von Modellen der zarten und durchsichtigen Mikroorganismen sein könnten. In der Chemie sind Modelle von Atomen und Molekülen an der Tagesordnung. Ganz anders in der Biologie. Die Darstellung von Mikroorganismen mit Modellen wird wenig praktiziert. Warum wohl? Dabei weiß doch jeder Biologe, welche Schwierigkeiten das Mikroskop mit seiner geringen Schärfentiefe bereitet. Im Gegensatz zur Binokularlupe bildet das Mikroskop seine Objekte nicht räumlich ab. Es gelingt kaum, sich vom Objekt eine Stereovorstellung zu machen. Viele Beobachter glauben, der Wasserfloh habe zwei getrennte Augen in seinem Kopf, analog

zum Menschen. Wie kommt es zu diesem Trugschluss? Weil Wasserflöhe sich unter dem Deckglas meist im Profil präsentieren. Nur selten sieht man sie von vorne. Ein Modell kann da Abhilfe schaffen.

Inzwischen hat PET in der Konsumwelt Einzug gehalten. Es wurde mir klar, dass ich mit meiner Idee, Kunststoffmodelle von Mikroorganismen zu gestalten, im Begriff war, absolutes Neuland zu betreten. An diesen Modellen konnte ich neben der Farbe und der Transparenz auch das reiche Detailwissen aus den Erkundigungen am REM wissenschaftlich korrekt zur Darstellung bringen. Meine Modelle überbrücken somit auch die Kluft zwischen dem Lichtmikroskop und dem REM.

9   Wasserfloh als Comicfigur
10 Süßwasserpolyp, REM-
    Aufnahme

11

12

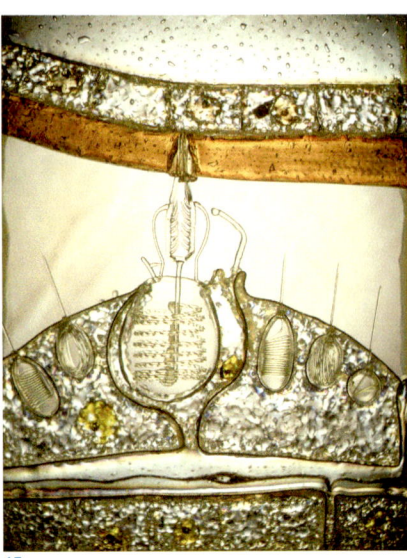

13

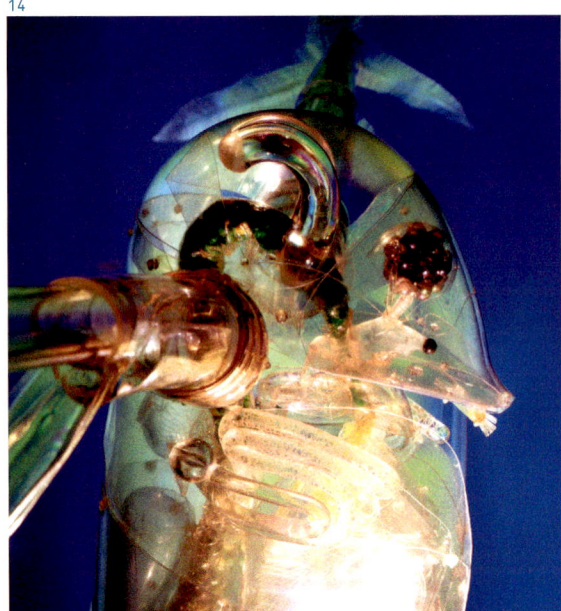

14

15

11–13 Nesselkapsel-Explosions-
      modell für filmische Zwecke,
      mit auswechselbaren
      Bestandteilen
14–15 Wasserfloh, Modell, Seiten-
      und Frontansicht. Wasser-
      flöhe haben nur ein zentrales
      Stirnauge.

Großer Auftritt für kleine Organismen

Mein innovativer Schwung wurde durch einen persönlichen Umstand begünstigt. Ich konnte unerwartet eine vorzeitige Pensionierung beantragen. Dass ich sehr viel Zeit für den Bau eines guten Modells benötigen würde, war mir nach meinen ersten Erfahrungen bald klar. Im Gegenzug kam ich mit recht einfachem Werkzeug aus. Einige Pinzetten und Scheren, eine Lupenbrille und eine gute Beleuchtung gehörten zur Grundausrüstung. Etwas später kam ein Feinbohrer dazu. Als Verbrauchsmaterial beschaffte ich mir hochtransparente Klebestreifen, Nylonfäden in Feinheiten bis zu Haaresbreite und Zweikomponentenleim. Gelegentlich gab es etwas Zittern, ein Flimmern und Brennen vor und in den Augen, nebst dem Ärger mit der herumrutschenden Kopflupe, weil der Schweiß als Schmiere wirkte.

Ein schöner Ausgleich dazu waren die vergnüglichen Einkaufstouren mit meiner Frau. Ich hielt fleißig Ausschau nach hochtransparenten Flaschen, Schutzverpackungen, farblosen und grünen Nuggets und Glasperlen, Polsterfolien, Schläuchen, Stäben und vielem anderem mehr.

Für besonders ausgefallene Formrohlinge war ich auf die bereitwillige Hilfe eines Orthopädieschuhmachers angewiesen. Er besaß eine Tiefzieh-Vakuum-Maschine, mit der man nicht nur Schuheinlagen, sondern auch schon mal urchige Fastnachtsmasken herstellen konnte. Ich belieferte ihn mit zusammengekauften Blumenvasen, deren einmalige Form er in seinem Vakuumkasten mit einer heißen Kunststofffolie sorgfältig überzog. Ein spannungsgeladener Moment, beim Glas und bei uns. Hatten wir Pech, zerbrach die kostbare Vase mit einem lauten Knall. Ich erinnere mich, dass ich in einem Fall die eingeschlossene Glasform äußerst vorsichtig aber erbarmungslos zerstückeln musste, um die äußere durchsichtige Kunststoffhaut

Ein rein zufälliges, jedoch nachhaltiges Ereignis wird durch schon vorhandene Umstände begünstigt und kann sich als nützlich erweisen. Danach muss es sich bewähren, um die Natur- oder Kulturevolution voranzutreiben.

möglichst ohne Kratzer zu gewinnen. Bei fast jedem Projekt entwickelte ich neue Arbeitstechniken. Die Ansprüche stiegen, bis ich eines Tages an eine Grenze stieß. Mir wurde erst jetzt so richtig bewusst, dass jedes Modell seinem lebendigen Vorbild mehr oder weniger nachhinkt, ja nachhinken muss. Zwischen dem einfachsten Sonnentier- und dem extrem aufwendigen Pantoffeltiermodell liegen Welten. Ich arbeitete länger als ein halbes Jahr am Modell des Pantoffel-Wimpertieres. Jede Wimper musste korrekt abgewinkelt, richtig platziert, dann mit Klebestreifen fixiert und mit Leim festgeklebt werden. In der Hoffnung, rascher voranzukommen, verwendete ich einen Schnellkleber. Das musste ich bitter büssen. Der getrocknete Leim wurde spröde und die Cilien brachen ab. Ich begann nochmals ganz von vorne, diesmal mit dem bewährten, langsam härtenden Zweikomponentenleim.

Der Modellbau brachte mich sanft und doch zwingend dazu, meine Objekte noch viel genauer zu beobachten, zu fotografieren und zu zeichnen. Ich entdeckte dabei so manche faszinierende Besonderheit. Wie schrieb doch Hermann Hesse 1935 in einem Geleitwort zu Adolf Portmanns Fotoband über schöne Schmetterlinge: Mit dem Erstaunen fängt es an und mit dem Erstaunen hört es auch auf, und ist dennoch kein vergeblicher Weg.

Und dann – ab 1993 – kamen Anfragen für Ausstellungen in Stuttgart, Linz, Gotha, Hamburg, Lissabon, Salzburg, Köln und andere mehr. 1996 konnte ich für das Naturmuseum St. Gallen die Mikroabteilung gestalten. Dabei zeigten sich die enormen Vorteile der modernen Kunststoffe. Der Transport erforderte zwar für jedes Modell eine eigene Verpackung, aber das geringe Gewicht und die Elastizität des Materials sorgten dafür, dass die filigranen Formen kaum Schaden nahmen.

16

Wenn trotzdem ein Acrylstab knickte oder eine zarte Federborste sich selbstständig machte, war das keine Katastrophe, sondern höchstens ein Missgeschick, das ich leicht wieder beheben konnte.

Bei meiner Arbeit hatte ich genügend Zeit, neue Ideen zu entwickeln. Wie wäre es, wenn ich einmal versuchen würde, mit blinden Menschen zu mikroskopieren? Doch was kann ein Blinder im Mikroskop überhaupt sehen? Meine Überlegung zielte in eine andere Richtung. Für Blinde ist der Tastsinn sehr wichtig, ich dachte an eine Exkursion zu meinen berührungsfreundlichen Modellen. Tasten, betasten und vorsichtig zugreifen hat ja auch etwas zu tun mit begreifen. Also tastend begreifen statt sehen.

Gute Ideen verdienen, in die Tat umgesetzt zu werden, was ich anlässlich meiner Ausstellung im Zoologischen Museum der Universität Zürich auch praktizierte. Es war – wie meistens bei der Arbeit mit Blinden – für beide Seiten, für die sehenden Helfer wie auch für die blinden Menschen, eine tief beeindruckende Erfahrung. Ich werde sie nie wieder vergessen.

Allmählich füllte sich mein Atelier im Dachstock mit immer mehr Modellen. Überall standen sie herum oder hingen von den Dachbalken herunter. Die größten waren mannsgroß, die meisten etwas handlicher. Seit 2001 befinden sich meine Modelle im Mikrotheater des Na-

turhistorischen Museums Wien, wo sie sehr schön präsentiert werden, zum Teil sogar im polarisierten Licht. Wie viele interessante Reisen, Begegnungen und Freundschaften verdanke ich doch dem geglückten Zufall und der rund zehnjährigen Ausgestaltung meiner Modellbauidee. Ich habe damit zwar kein einziges Leben gerettet, wie es das von Alexander Fleming entdeckte Penicillin bis heute kann. Doch ich bin überzeugt, dass die winzigen und interessanten Mikroorganismen durch meine Arbeit viele neue Freunde gewinnen werden. Ihre Kleinheit ist kein Grund, sie in unserem Denken nicht mächtig werden zu lassen.

16   Pantoffeltier, Modell
17   Langschwanzkrebs, Modell
18   Pedro Galliker in seinem
       Atelier

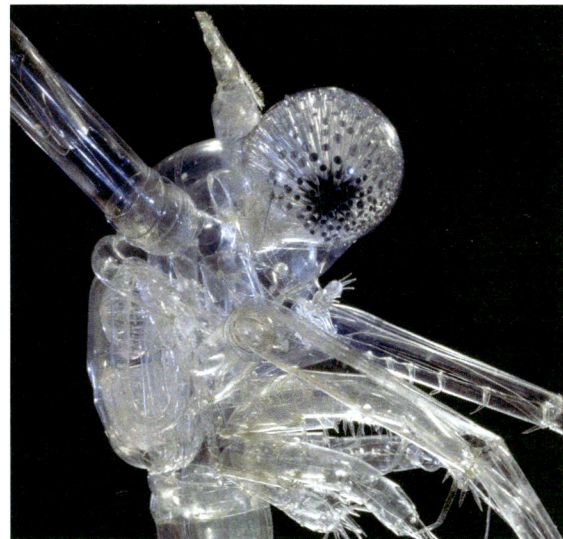

17

18

Temporis mutantur

Diese Redensart gilt nicht nur für die Lateiner im alten Rom, sondern auch für uns. Die neuzeitliche Kunststoffwelt hat mir meine Modelle ermöglicht. Vor hundert Jahren arbeiteten die Künstlerbiologen Leopold und Rudolf Blaschka mit zerbrechlichem Glas, um dasselbe Ziel zu erreichen.

Kunstvolle Naturformen des Meeres

An der Schwelle zum 20. Jahrhundert war die Welt lebensfeindlich. Es war die Zeit der aufblühenden Naturwissenschaften. Nach der Französischen Revolution boomte die Bildung. Auf Expeditionen erkundete man die Welt, Sammlungen wurden angelegt, Museen gegründet. Damals lebte der Goldschmied Leopold Blaschke, später Blaschka, (1822–1895) mit seinem Sohn Rudolf (1857–1939) in Dresden. Auf einer Schiffsreise nach Amerika begann der Vater, Meerestiere zu skizzieren. Er wurde von ihnen geradezu verzaubert. Zurück in Europa, fertigte er nach seinen Skizzen Glasmodelle an und verkaufte diese weltweit an Universitäten und Museen. Prinz Camille de Rohan auf Schloss Sirchow wurde auf Blaschka aufmerksam und bestellte bei ihm Glasmodelle von neu entdeckten tropischen Orchideen. Der Prinz wurde sein Förderer und Mäzen. Damit war der Boden geebnet für ein äußerst reichhaltiges Lebenswerk zweier naturwissenschaftlicher Glaskünstler.

Ein gutes Mikrofoto kostete mich vor Jahren, bei geringster Ausbeute, viel Geld. Ich benötigte höchst empfindliche Rollfilme, die ich noch puschen musste, so spärlich ist das Licht am Mikroskop. Heute sitze ich bequem vor meinem Flachbildschirm und freue mich an den herrlichen Farben, die ich am Mikroskop kaum wahrnehmen kann. Die digitale Filmkamera und der Computer haben die chemische Giftmischerei in der Dunkelkammer abgelöst. Damit aber nicht genug. Für eine vielversprechende Begegnung zweier Kontrahenten kann ich bedenkenlos den Film starten, auch wenn daraus nichts wird. Den digitalen Leerlauf lösche ich mit Mausklick, er kostet mich keinen Rappen.

Noch mehr Spaß macht mir der Mausklick für die Zeitraffung. Ich kann damit die Embryonalentwicklung eines Rädertiers in der Eihülle von Stunden auf Minuten verkürzen. Die langsamsten Amöben verraten mir, dass sie je nach Lust und Laune ganz verschiedene Typen von Pseudopodienformen ausbilden können. Vielleicht hat das, wie bei Euplotes, auch mit den Feinden zu tun oder mit dem Nahrungsangebot. Darüber müsste man forschen.

Ein Museumsgestalter in Amerika ist auf meine Website www.plankton-archiv.ch gestoßen. Per E-Mail bekomme ich von ihm eine Anfrage für Videoclips. Nach zwei Stunden erhält er ein Mail mit den gewünschten Filmen, schneller als mit einem Kurierdienst und erst noch portofrei. Was will man noch mehr. Nach dem Millenniumswechsel hat sich für mich der Wechsel vom Modellbauer zum Mikrofilmer endgültig vollzogen.

19

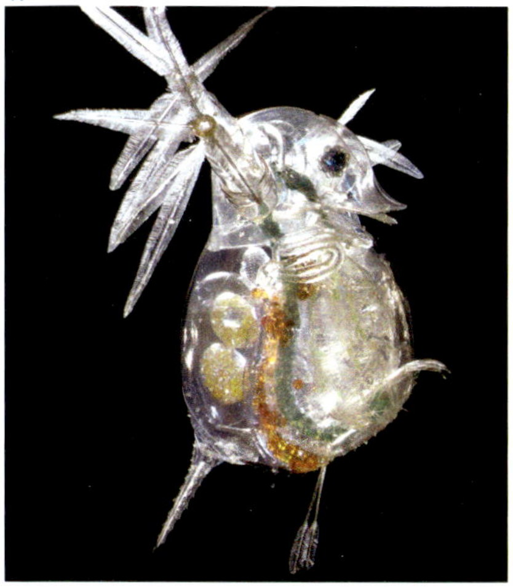

20

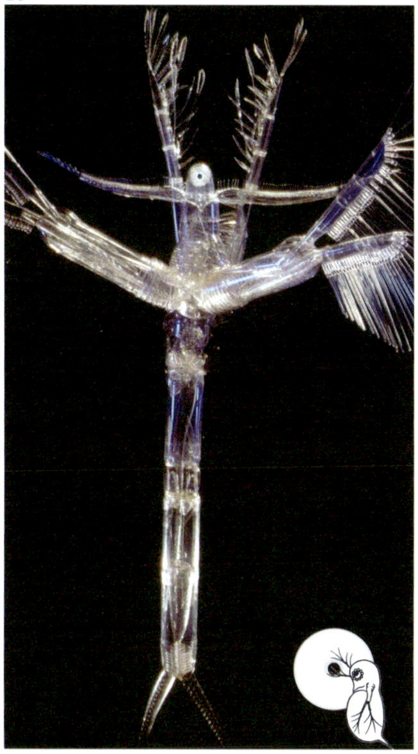

21

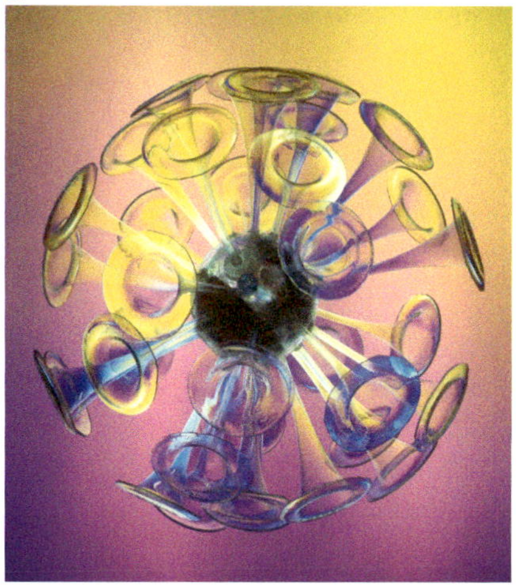

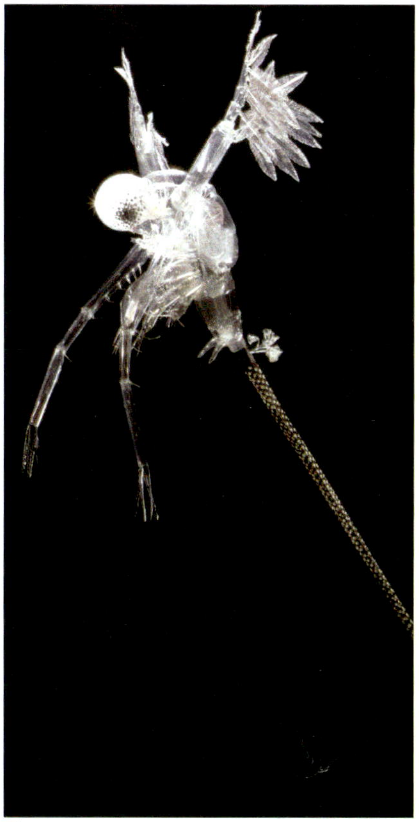

22

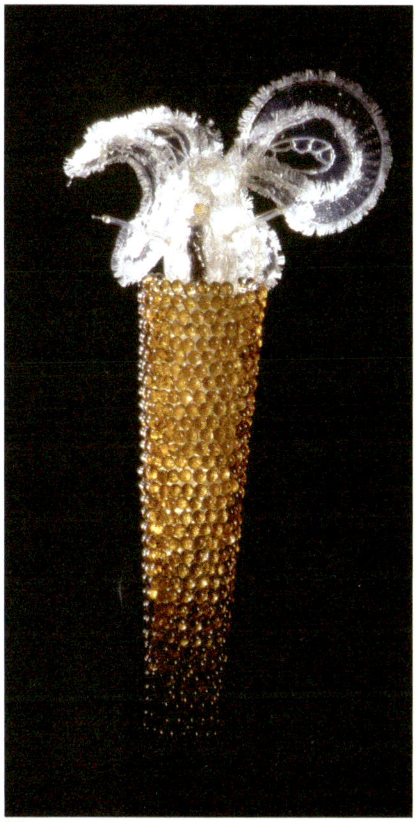

23

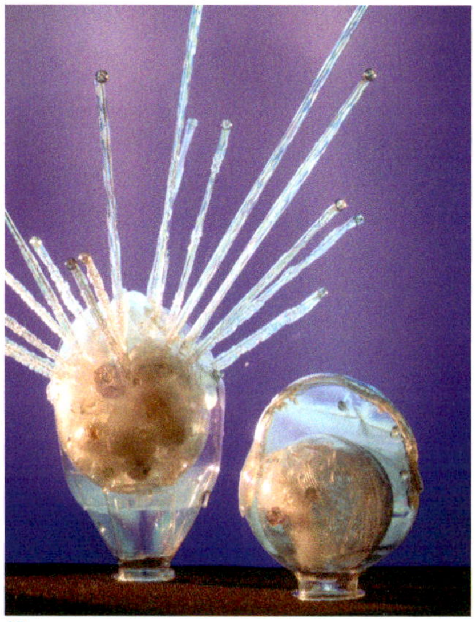

24

19 Wasserfloh, Modell
20 Glaskrebsmännchen, Modell
21 Trompetenhaftling, ein mariner Flagellat, der das Klima beeinflusst, Modell
22 Blumen-Rädertier, Modell
23 Spaltensauginfusor mit Zyste, Modell
24 Langschwanzkrebs, Modell

25   Büschelmückenlarve, Modell
26   Strahlenball-Sonnentier, Modell
27   Rüsselrad-Rädertier, Modell
28   Fransenkronen-Rädertier, Modell
29   Reusen-Rädertier, Modell
30   Rüsselrad-Rädertier, Detail
31   Bärentier, Modell
32   Stachelrad-Wimpertier, Modell
33   Pansen-Wimpertier, Modell

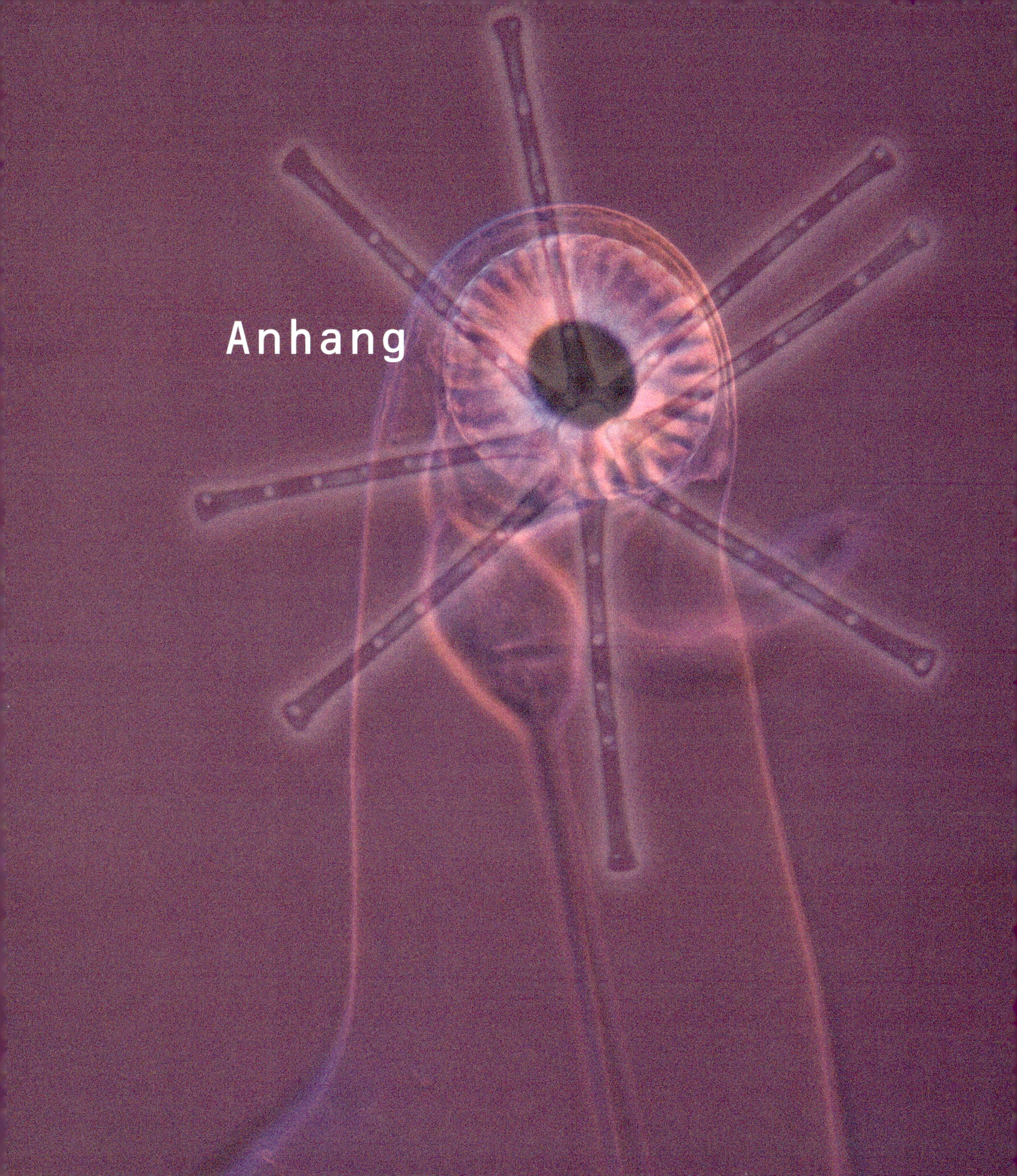
Anhang

Abenteuertipps

Neugierige und kreative Leser finden nachfolgend Ideen für eigene Mikrowelt-Abenteuer, auch ohne Mikroskop, alleine aufgrund der Informationen in diesem Buch.

➤ Finde heraus, welcher Fressfeind im Film «So leben Mikroorganismen» den Wasserfloh erwischt und bei lebendigem Leib gefressen hat.

➤ Finde heraus, welches in der Abb. 15, S. 41 die Arterien und welches die Venen sind. Venen verlaufen oberflächlicher und stehen unter geringerem Pulsdruck als Arterien.

➤ Versuche, bessere deutsche Namen zum Beispiel für Wasserfloh, Gliederfüßler, Rädertier und Schalenamöbe zu finden.

➤ Bestimme die diversen Amöben, Augenflagellaten, Rädertierarten und Wasserflöhe in den Videoclips. Als Hilfe dienen die einschlägigen Bestimmungsbücher von Streble/Krauter und Patterson.

➤ Bastle selbst ein funktionstüchtiges Leeuwenhoek-Mikroskop. Das Herzstück dazu ist eine winzige Linse aus farblosem Polystyrol-Granulat. Sie bildet sich vollautomatisch und optisch einwandfrei, wenn ein Granulatkörnchen im Backofen bei 220–280 °C Grad zum Schmelzen gebracht wird. Als Unterlage kann ein Objektträger oder ein nicht geätztes Diagläschen verwendet werden. Für die Einfassung der Linse muss beachtet werden, dass sowohl das Auge als auch das zu untersuchende Objekt möglichst nahe an die Linse herankommen. Der Beleuchtung des Objekts muss besondere Beachtung geschenkt werden. Eine ausführlichere Bastelanleitung findet man in der Broschüre von Pedro Galliker, «Mikrowelt im Wassertropfen», S. 22 und 23.

➤ Wer gestaltet eigene Modelle von Mikroorganismen mit transparenten Kunststoffabfällen? Eine Anleitung dazu findet man in der Zeitschrift «Natur und Museum», Band 122,9.

➤ Wer erfindet der Phantasie entsprungene, neuartige Mikroorganismen, welche die typischen Merkmale einer systematischen Gruppe vereinen, zum Beispiel eine Zylinderhut-Gehäuseamöbe, eine Schweizerkreuz-Zieralge, einen Jumbo-Hüpferling u. a. m.? Daraus kann bei guter Laune ein spannender Märchen-Krimi oder eine lustige Gutenachtgeschichte für Kinder entstehen.

➤ Wer findet die Unterschiede in der Wirkweise der Evolution zwischen dem geschilderten Totenkopfschwärmer und den nachfolgend vorgestellten Haike-Krabben?

Am 24.04.1185 fand bei Dano-Ura im Japanischen Meer die Entscheidungsschlacht zwischen zwei Völkern statt. Danach gab es im Meer immer mehr Krabben, die auf ihrem Panzer die Gesichtszüge eines Haike-Kriegers trugen. Haike hieß der Samurai-Clan des unterlegenen Fischervolkes mit seinem erst 7-jährigen Kaiser. Bei der Niederlage warfen sich die überlebenden Haike-Krieger scharenweise ins Meer und ertranken. Ihre Frauen wurden von den siegreichen Genji übernommen, bewahrten jedoch das Andenken an ihre tapferen Männer. Sie verschonten beim Verlesen der gefangenen Krabben all jene Tiere, in welchen sie ihre Männer zu erkennen glaubten. (Quelle: Sagan, Unser Kosmos, S. 37)

Etwas verschieden verlief die Evolution des Birkenspanners. Der tagsüber auf Rinden schlafende helle Birkenspanner verschwand nach der Luftverschmutzung in Liverpool mehr und mehr, weil er von den Vögeln leichter entdeckt werden konnte. Eine zuvor seltene dunklere Form des Falters vermehrte sich in der Folge und besetzte die dadurch entstandene ökologische Nische. Die Biologen sprechen vom Industrie-Melanismus.

Verzeichnis der Mikroorganismen

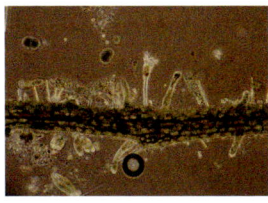

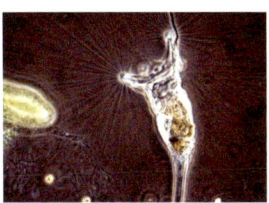

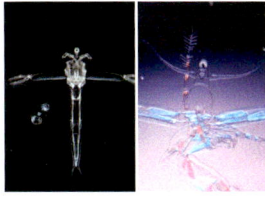
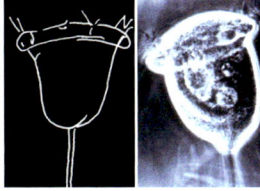

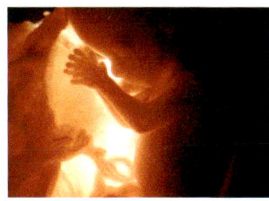
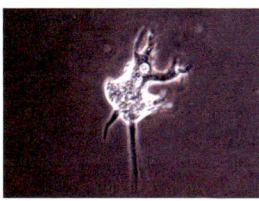

Seite

38 Menschliches Spermium
im Vergleich mit einem
Flagellaten aus der Klasse der
Zoomastigophora
L 0,06, B 0,003 mm

39 Kronenlappen-Rädertier
Limnias melicerta
PH
ca. 1 mm
vgl. S. 117

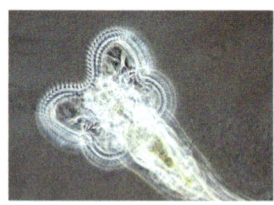

39 Grünes Trompetentier
Stentor polymorphus
PH
ca. 1 bis 2 mm

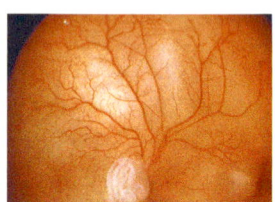

39 Blumen-Rädertier
Floscularia melicerta
in zartem Gallertköcher
(nicht sichtbar)
0,7 bis 1,6 mm
vgl. S. 117

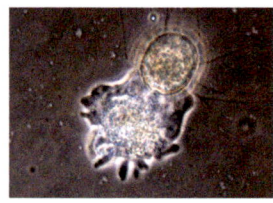

41 Blutgefäße eines menschlichen
Embryos (3. Monat)

41 Vier Bewegungsstadien
einer Amöbe vom Typ
Mayorella, frisst Amöbe
vom Typ *Nuclearia*
PH
ca. 0,02 mm

43 Rauhe Armleuchteralge
Chara aspera
mit Fortpflanzungsorganen
DF

Seite

45 Verschiedene Augen von Flagellaten,
Euglena und *Erythropsis pavillardi*
links Modell, rechts Aquarell
ca. 0,16 mm

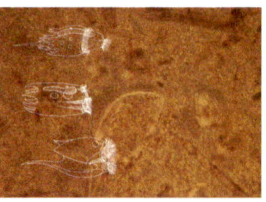

48 Verschiedene Pansen-Wimpertiere
Ophryoscolex caudatus (vor allem bei
Schafen); *Diplodinium dentatum* (beim
Rind); *Entodinium caudatum* (bei Rind
und Schaf)
Hintergrund: Ökosystem aus dem
Pansen einer Kuh

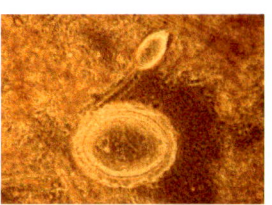

48 Panseninfusorien
aus dem Wiederkäuermagen einer Kuh
PH

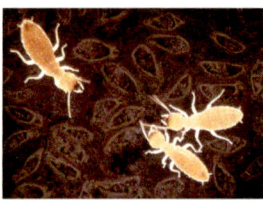

48 Fotomontage mit Panseninfusorien
der Termitenart
Zootermopsis
PH

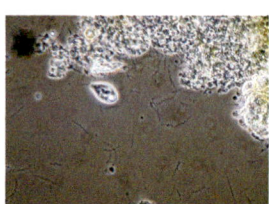

50 Korkenzieherförmige Prokaryoten
aus der Gruppe der
Spirochaeten
PH

53 Säulenglockentier-Kolonie
Epistylis plicatilis
aus einer Kläranlage
PH
ca. 3 mm

54 Längliche Sternalge
Euastrum oblongum
HF
ca. 0,15 mm

Seite

Seite

54 Sternalge
Euastrum didelta
PH
ca. 0,125 mm

56 Am Boden gleitendes
Augentier
Euglena terricola
DF und HF
0,08 mm
vgl. S. 72

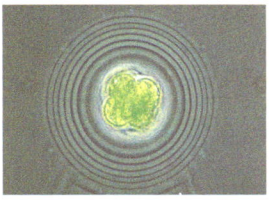

54 Sternenkugel
Asterococcus superbus
in Gallerthüllen
PH
ca. 0,03 mm

57 Scheinglockentier
Pseudovorticella fasciculata
Modell

54 Kleine Mondalge
Closterium spec.
DF
0,09 bis 0,25 mm

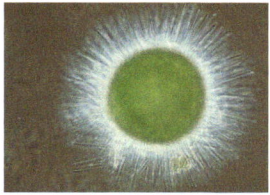

57 Schönes Nadelsonnentier
Acanthocystis turfacea
mit symbiontischen Grünalgen
PH
0,05 mm
vgl. S. 107

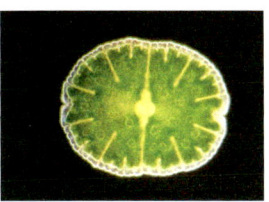

54 Jochalge
Micrasterias denticulata
var. angulosa
DF
0,25 mm

57 Birnen-Gehäuseamöbe
Difflugia pyriformis
Modell

54 Krug-Kieselalge
Amphora ovalis
HF
bis 0,14 mm

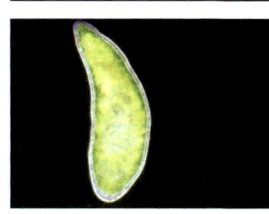

57 Grüner blinder Strudelwurm
Typhloplana viridata
DF
ca. 1 mm

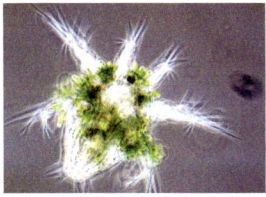

55 Grüne Urnenalgen auf
Naupliuslarve
Chlorangium stentorinum
PH
ca. 0,03 mm
vgl. S. 125

59 Hochmoor-Biozoenose mit
verschiedenen Joch- oder Zieralgen
HF

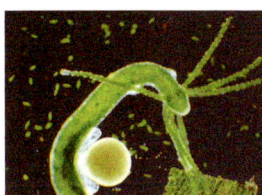

56 Grüner Süßwasserpolyp
Hydra viridis
mit Ei und Hoden
DF
bis 15 mm
vgl. S. 92

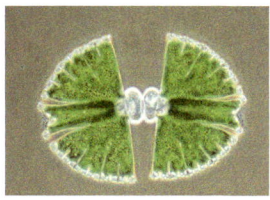

60 Sechs Teilungsstadien der Joch-
oder Zieralge
Micrasterias rotata
PH und DF
0,25 mm

Seite

61   Zwei Teilungsstadien der
Malteserkreuzalge
Micrasterias crux-melitensis
PH
0,1 mm

64   Modell einer unbestimmten
Spirochaete aus dem
Enddarm der Termite
Reticulitermes hesperus

65   Schraubiger Herzflagellat
Monomorphina spec.
0,04 mm

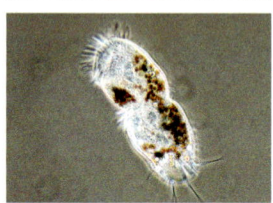

67   Tafelblaualgen-Kolonie
Merismopedia elegans
Zelle ca. 0,007 mm
PH

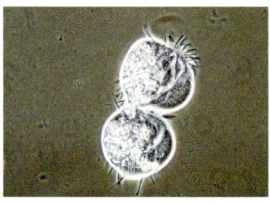

68   Drei Fotos vom Waffen-Wimpertier
Stylonychia mytilus
in Teilung
PH
0,2 mm

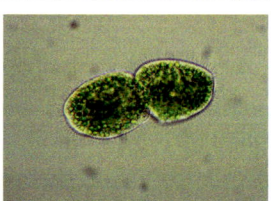

69   Lauf-Wimpertier
Euplotes spec.
in Teilung
PH
0,1 mm

69   Grünes Pantoffeltier
Paramecium bursaria
in Teilung
HF
0,1 mm

Seite

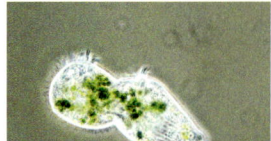

69   Grünes Trompetentier
Stentor polymorphus
in Teilung
PH
ca. 1 mm

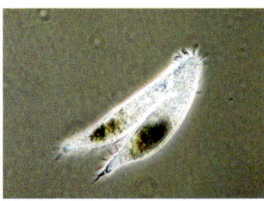

69   Langschwanz-Wimpertier
in Konjugation
Uroleptus piscis
PH
0,1 mm

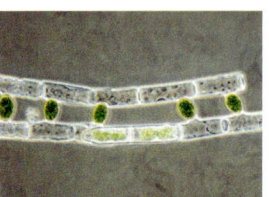

70   Konjugation von
fadenförmigen Jochalgen
PH

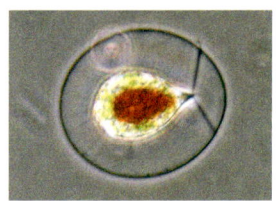

72   Blutregenalge
Haematococcus pluvialis
mit Karotinoiden
PH
0,02 mm

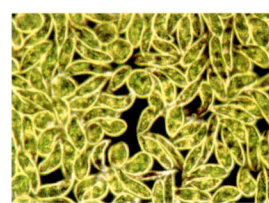

72   Massenentwicklung des Augenflagellaten
Euglena viridis
DF
0,05 mm
vgl. S. 56

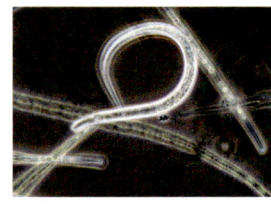

74   Fadenwurm
Nematodes
unbestimmt
PH

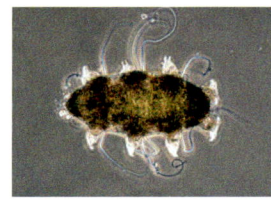

76   Bärentier
Tardigrada
vom Typ *Echiniscus*
PH
0,2 mm
vgl. S. 146

Seite

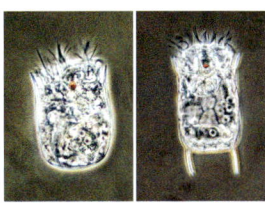

83 Facetten-Rädertiere
Keratella quadrata
links ohne, rechts mit feindbedingten
Hinterdornen
PH
ca. 0,2 mm

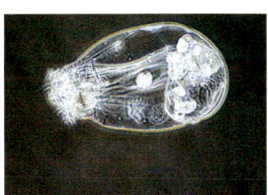

83 Sack-Rädertier
Asplanchna spec.
PH
bis 1,5 mm

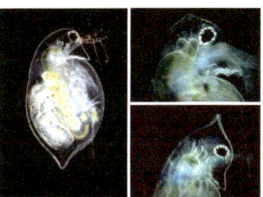

84 Langdorn-Wasserfloh
Daphnia longispina
mit feindbedingten Gestaltsveränderungen
POL
bis 2,5 mm

85 Lauf-Wimpertiere
Euplotes spec.
feindbedingte Gestaltsveränderungen
PH
0,04 bis 0,07 mm
vgl. S. 135

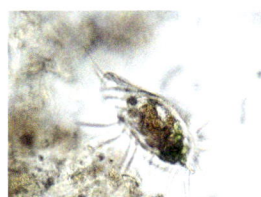

86 Seitenaufnahme eines Lauf-Wimpertiers
Euplotes spec.
PH
vgl. S. 135

87 oben: Strudelwurm vom Typ
Gieysztoria
mit Ei, DF, ca. 1 mm
unten: Rüssel-Strudelwurm
Rhynchomesostoma rostratum
POL, 3 mm

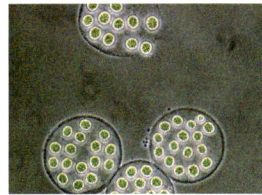

88 Gallertkugel-Grünalgen
Sphaerocystis schroeteri
PH
ca. 0,01 mm

Seite

89 Wimperkugeln vom Typ
Volvox aureus
DF
ca. 0,5 mm

90 Modell von Kragengeißelzellen
Choanozyten
aus der Geißelkammer
eines Schwammes
Spongia

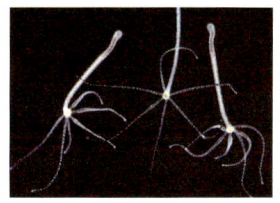

91 Süßwasserpolypen vom Typ
Hydra fusca
DF
ca. 10 mm

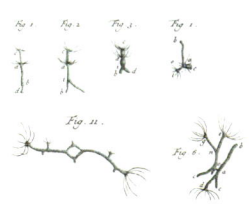

92 Höchstwahrscheinlich
handelt es sich um
Hydra viridis

92 Grüner Süßwasserpolyp
Hydra viridis
mit Ei, Hoden, Knospe und Beute
Modell

93 Durchbrochenes Zackenrad
Pediastrum duplex
PH
bis 0,08 mm
vgl. S. 103

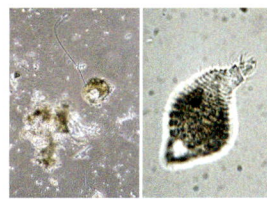

94/ Tränen-Wimpertier, Schwanenhalstier
96/ oder besser Lassohals-Wimpertier
97 *Lacrymaria olor*
PH
0,07–0,2 mm

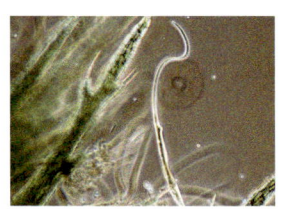
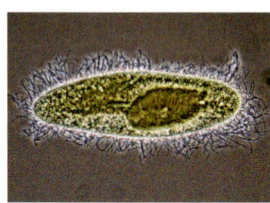

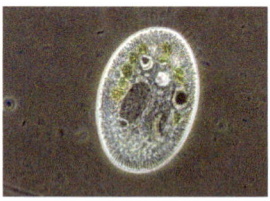
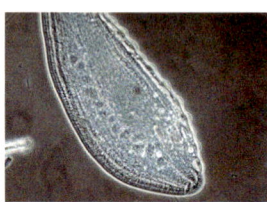
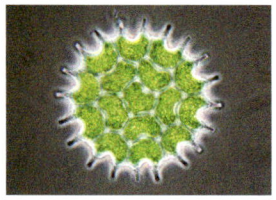

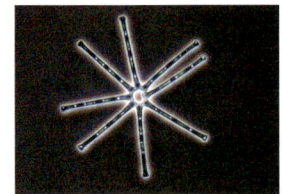

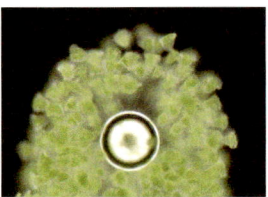
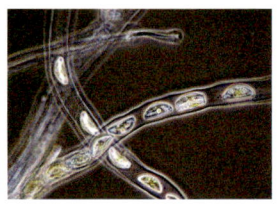

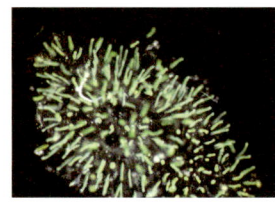

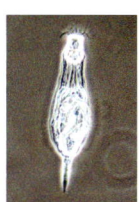

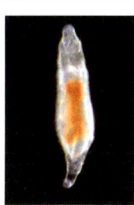

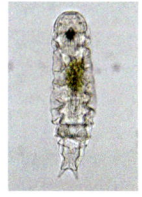
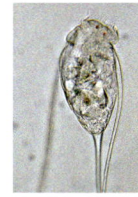
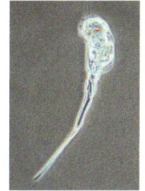
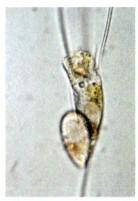
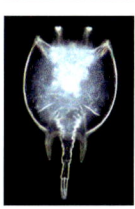
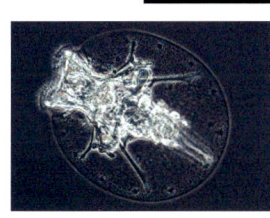
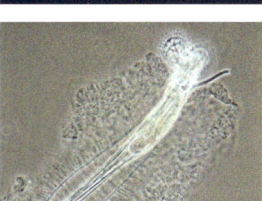

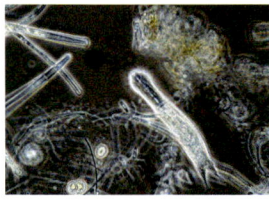

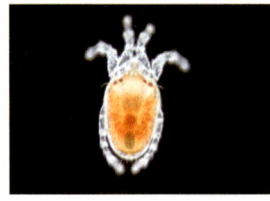

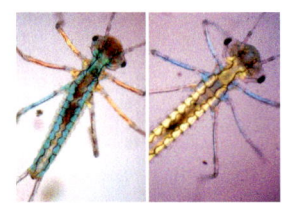

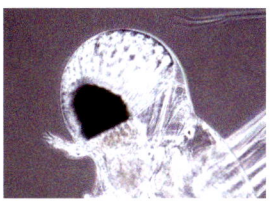
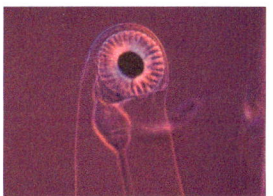

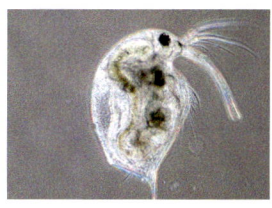
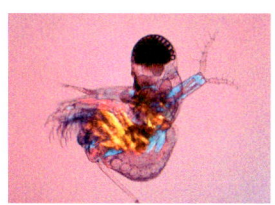
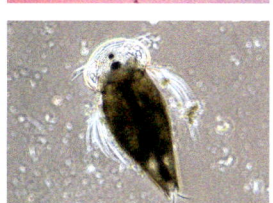
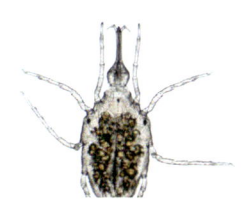

Seite

146 Reusen-Rädertier
     Collotheca ornata cornuta
     Modell
     Ansicht von oben
     vgl. S. 12

146 Rüsselrad-Rädertier
     Philodina gregaria
     Modell

146 Sehr kleines Bärentier
     Bryodelphax parvulus
     Modell

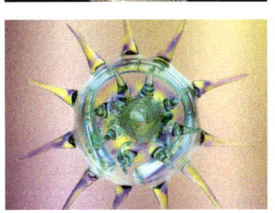

146 Stachelrad Wimpertier
     Hastatella radians
     Glasmodell von R. Rinert

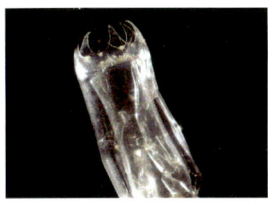

146 Pansen-Wimpertier
     Diplodinium dentatum
     Modell

Den Buchtext ergänzende Videoclips und Film

Die Abspielgeschwindigkeit der Videoclips entspricht nicht immer dem realen Zeitablauf. Dieser wurde nach Bedarf verändert, um die Bewegungen deutlicher zu machen.

Vom Solisten zur Großfamilie

95–97		Lassohals-Wimpertier	2'33
98		Schlangenrüssel-Wimpertier	3'13
99	142	Pantoffel-Wimpertier	1'51
101		Wallendes Blatt-Wimpertier	1'45
107		Doldenglocken-Wimpertiere	1'14
107		Gallertkugel-Wimpertiere	1'28
107		Gestielter Kragenflagellat	1'02
108		Rädertier-Kugelkolonie	2'05
108		Moostiere	3'21

Erfolgreiche Mehrzeller

112–118	12	Rädertiere und Geburt	3'48
116		Schildkröten-Rädertiere	2'58
118		Fransenkronen-Rädertier	1'17
119		Bauchhärlinge	1'20
121		Muschelkrebse	1'37
122	130	Sackmilben jung und alt	1'39
123		Schlamm-Wasserflöhe	1'52
124–125		Junge Wasserwanzen	2'36
126		Eintagsfliegenlarven	2'14
126		Kleinlibellenlarven	2'07
129	32, 55, 125, 130	Hüpferling	1'00
129	14,140	Diverse Wasserflöhe	1'37
129		Raupenhüpferlinge	1'33

Aus dem Zufall geboren

137–140	36	Film:	
		So leben Mikroorganismen	28'59
		Im Mikrolabor	8'53
		Gib acht, Wasserfloh	6'20
		Tödliche Saugfalle	3'23
		Giftiges Nesselgeschoss	3'30
		Sex schafft Vielfalt	4'04
		Das Abenteuer lockt	2'06
143	127, 145	Langschwanzkrebs	1'42

Filmnachweis

50 Bakteriengewimmel in Jauche, Prof. Walter G. Url, Naturhistorisches Museum Wien

77–81 Soziale Amöben, Prof. John Bonner, Princeton-University, USA

Alle übrigen Clips stammen vom Autor. Weitere Videoclips siehe: www.plankton-archiv.ch

Film «So leben Mikroorganismen»: ISAN 0000-0000-D520-0000-3

Index

Ausgewählte Literatur

Aescht, E. (1994): Die Urtiere. Eine verborgene Welt. Katalog des Oberösterreichischen Landesmuseums Nr. 71. Oberösterreichisches Landesmuseum, Linz.

Aescht, E. (1998): Welträtsel und Lebenswunder. Ernst Haeckel – Werk, Wirkung und Folgen. Katalog des Oberösterreichischen Landesmuseums, Nr. 131. Oberösterreichisches Landesmuseum, Linz.

Bayerisches Landesamt für Wasserwirtschaft (1999): Das mikroskopische Bild bei der biologischen Abwasserreinigung. Bayerisches Landesamt für Wasserwirtschaft, München.

Bellmann, H./Hausmann, K./Janke, K./Kremer, B. P./Schneider, H. (1991): Einzeller und Wirbellose. Mosaik Verlag, München.

Bourély, F. (2002): Unsichtbare Welten. Von der Schönheit des Mikrokosmos. Gerstenberg Verlag, Hildesheim.

Burgess, J., Marten/M., Taylor, R. (1987): Microcosmos. Cambridge University Press, Cambridge.

Burnie, D. (1998): Mikroorganismen. Gerstenberg Verlag, Hildesheim.

Campbell, N. A. (1997): Biologie. Spektrum Akademischer Verlag, Heidelberg.

Canetti, E. (2002): Über Tiere. Hanser Verlag, München.

Canter-Lund, H./Lund, J. W. G. (1995): Freshwater Algae. Biopress, Bristol.

Celli, G. (2001): Konrad Lorenz – Begründer der Ethologie. Spektrum Verlag, Heidelberg.

Dawkins, R. (2001): Gipfel des Unwahrscheinlichen. Rowohlt, Reinbek.

Dusenbery, D. B. (1998): Verborgene Welten. Spektrum Verlag, Heidelberg.

Engelhard, W. (1989): Was lebt in Tümpel, Bach und Weiher? Kosmos Verlag, Stuttgart.

Foissner, W. (1996): Identification and Ecology of Limnic Plancton Ciliates. Bayrisches Landesamt für Wasserwirtschaft, München.

Galliker, P. (1992): Modelle von Mikroorganismen. In: Natur und Museum, Band 122,9. Frankfurt a. M.

Galliker, P. (1998): Mikrowelt im Wassertropfen. Desertina Verlag, Chur.

Gould, St. (1998): Illusion Fortschritt. Fischer Taschenbuch Verlag, Frankfurt a. M.

Haeckel, E. (1998): Kunstformen der Natur. Prestel Verlag, München.

Hausmann, K./Hülsmann, N./Radek, R. (2003): Protistology. E. Schweizerbart'sche Verlagsbuchhandlung, Berlin.

Kremer, B. P. (2002): Das Kosmosbuch der Mikroskopie. Kosmos Verlag, Stuttgart.

Kremer, B. P. (1998): Großer Auftritt für kleine Lebewesen. Pedro Galliker und seine Modelle von Mikroorganismen. In: Mikrokosmos 87 (1998), S. 335–339.

Lorenz, K. (1975): Die Rückseite des Spiegels. Buchclub Ex Libris, Zürich.

Lorenz, K. (1988): Hier bin ich – wo bist du? Ethologie der Graugans. Piper Verlag, München.

Margulis, L./Sagan, D. (1997): Leben – vom Ursprung zur Vielfalt. Spektrum Akademischer Verlag, Heidelberg.

Mehlhorn, H./Rutmann, A. (1992): Allgemeine Protozoologie. Fischer, Stuttgart.

Nachtigall, W. (1980): Faszination des Lebendigen. Herder Verlag, Freiburg i. Br.

Nuridsany, C. (1979): Wunderwelt der Mikrofotografie. Laterna magica, München.

Nuridsany, C./Pérennou, M. (1979): Wunderwelt der Makrofotografie. Laterna magica, München.

Patterson, D. J. (1996): Free-Living Freshwater Protozoa. John Wiley, New York.

Portmann, A. (1956): Biologie und Geist. Rhein Verlag, Zürich.

Sagan, C. (1982): Unser Kosmos. Droemer Knaur, München.

Sauer, F. (1995): Tiere und Pflanzen im Wassertropfen. Fauna Verlag, Karlsfeld.

Schön, G. (1999): Bakterien. Beck Verlag, München.

Schwenk, T. (1980): Das sensible Chaos. Verlag Freies Geistesleben, Stuttgart.

Storch, V./Welsch, U. (1999): Kükenthals Leitfaden für das Zoologische Praktikum. Spektrum Akademischer Verlag, Heidelberg.

Einsteiger-Literatur

Zeitschriften

Streble, H./Krauter, D. (2002): Das Leben im Wassertropfen. Kosmos Verlag, Stuttgart.

Tardent, P. (1988): Hydra. Neujahrsblatt Naturforschende Gesellschaft Zürich. Orell Füssli, Zürich.

Vater-Dobberstein, B./Hilfrich, H. G. (1982): Versuche mit Einzellern. Kosmos Verlag, Stuttgart.

Wesenberg-Lund, C. (1939): Biologie der Süßwassertiere. Springer, Wien.

Wesenberg-Lund, C. (1943): Biologie der Süßwasserinsekten. Springer, Wien.

Wildermuth, H. (1978): Natur als Aufgabe. Schweizer Bund für Naturschutz, Basel.

Wyder M. (1999): Bis an die Sterne weit? Goethe und die Naturwissenschaften. Insel Verlag, Frankfurt a. M.

Zimmerli, E. (1975): Freilandlabor Natur. Schulreservat – Schulweiher – Naturlehrpfad. Verlag WWF Schweiz, Zürich.

Bommer, A. (2004): Mikroskopieren. Kosmos Verlag, Stuttgart.

Drews, R. (1992): Mikroskopieren als Hobby. Falken Verlag, Niedernhausen.

Kremer B. P. (2005): 1×1 der Mikroskopie. Kosmos Verlag, Stuttgart.

Nachtigall, W. (1998): Mikroskopieren. BLV-Verlagsgesellschaft, München.

Mikrokosmos. Zeitschrift für Mikroskopie. Erscheint 6x jährlich, Verlag Elsevier/Urban & Fischer.

Bildnachweis

S. 13, Abb. 4	dpa
S. 17, Abb. 11	Walter Linsenmaier, Ebikon
S. 22, Abb. 1	William Heath, «Monster Soup», 1828
S. 23, Abb. 2	Robert Hooke, Micrographia, 1665, Schem. XXXIV
S. 24, Abb. 3	Albert Edelfelt, «Porträt von Louis Pasteur», 1885
S. 24, Abb. 4	Jan Verkolje, «Porträt von Antony van Leeuwenhoek», 1686
S. 24, Abb. 5	Fotograf unbekannt
S. 25, Abb. 6	Joseph Stieler und Friedrich Dürck, «Bildnis Johann Wolfgang Goethe», 1829
S. 28, Abb. 8	Federtuschzeichnung von Johann Christian Wilhelm Waitz, 1784
S. 29, Abb. 9	Titelbild von: Schweizer Jugend forscht, 10. Jahrgang, Nr. 3, Mai/Juni 1977
S. 29, Abb. 10	Foto: Alice Schumacher, Naturhistorisches Museum Wien
S. 29, Abb. 11	Foto: Bernd Lötsch, Naturhistorisches Museum Wien
S. 31, Abb. 12	Fotograf unbekannt, Aufnahme um 1908, Staatsbibliothek Berlin/bpk
S. 31, Abb. 13	Georg Richemond, «Porträt von Charles Darwin», 1840
S. 31, Abb. 14	Zeitgenössische Karikatur in der Satirezeitschrift The Hornet, 1871
S. 32, Abb. 15	Ernst Haeckel, Kunstformen der Natur, 1904, Tafel 55
S. 34, Abb. 1	Ernst Haeckel, Kunstformen der Natur, 1904, Tafel 13
S. 35, Abb. 3	Ernst Haeckel, Anthropogenie oder Entwicklungsgeschichte des Menschen, 1874, Tafel XXIV
S. 36, Abb. 4	dpa
S. 38, Abb. 11	nach Alexieff, 1924, aus: Hyman, The Invertebrates, McGraw-Hill, 1940
S. 45 Abb. 23	nach Ch. A. Kofoid und O. Swezy, The Free Living Unarmored Dinoflagallata, University of California Press, Berkeley, 1921
S. 51, Abb. 29	nach einer Grafik von Jana Brenning, in: Scientific American, Februar 2000, S. 77
S. 63, Abb. 26, 27	nach Theodor Schwenk, Das sensible Chaos, Stuttgart, 1962
S. 77–81, Abb. 5–9	nach John Tyler Bonner, Princeton, New Jersey
S. 83, Abb. 10	dpa
S. 92, Abb. 25	Abraham Trembley, Memoires pour servir à l'histoire d'un genre de polypes d'eau douce à bras en forme de corne, Leiden 1744
S. 103, Abb. 14	Thomas Pfeiffer, ETH Zürich
S. 106, Abb. 19	Walter Linsenmaier, Ebikon
S. 108, Abb. 27	Foto: Wim van Egmond, Groeten b. Rotterdam
S. 109, Abb. 28	Ernst Haeckel, Kunstformen der Natur, 1904, Tafel 23
S. 114, Abb. 7	Paul Brohmer, Fauna von Deutschland. Ein Bestimmungsbuch unserer heimischen Tierwelt, 1949
S. 133–134, Abb. 2, 3	Walter Linsenmaier, Ebikon